秸秆覆盖少（免）耕技术

塑料大棚内地膜蔬菜育苗移栽

坡地开挖
的鱼鳞坑

西北农林科技大学
研制的坐水播种机

农田集雨补灌水窖

2

灌水渠道衬砌

果园喷灌

橘园微灌

3

果树涌泉灌

胡椒微喷

现代农业实用节水技术

编著者

王龙昌　张岁岐　仵　峰

赵　辉　谢小玉

金盾出版社

内 容 提 要

本书由西北农林科技大学干旱半干旱研究中心王龙昌博士等编著。内容包括:我国水资源与节水农业发展概况,集雨灌溉技术,节水灌溉工程技术,旱作农艺节水技术和节水农业综合管理等。内容系统全面,科学实用,适用广大农业和农业水利科技人员、从事农业生产者及相关院校师生阅读参考。

图书在版编目(CIP)数据

现代农业实用节水技术/王龙昌等编著.—北京:金盾出版社,2002.6
ISBN 978 7-5082-1936-3

Ⅰ.现… Ⅱ.王… Ⅲ.农业工程-节约用水-技术 Ⅳ. S275-53

中国版本图书馆 CIP 数据核字(2002)第 020977 号

金盾出版社出版、总发行
北京太平路 5 号(地铁万寿路站往南)
邮政编码:100036 电话:68214039 83219215
传真:68276683 网址:www.jdcbs.cn
彩色印刷:北京精美彩色印刷有限公司
黑白印刷:北京金星剑印刷有限公司
装订:桃园装订厂
各地新华书店经销
开本:787×1092 1/32 印张:6.25 彩页:4 字数:136千字
2010 年 10 月第 1 版第 7 次印刷
印数:33781—40780 册 定价:12.00 元
(凡购买金盾出版社的图书,如有缺页、
倒页、脱页者,本社发行部负责调换)

目　　录

第一章 我国水资源与
节水农业发展概述

第一节 我国水资源基本特点

水是生命活动不可缺少的因子。水资源是农业生产投入的重要因素,丰富的水资源可以使农业生产获得高产稳产。在降水数量有限的干旱半干旱地区,水资源及其利用状况更是农业生产力的决定性因素。

据有关资料统计,地球上 138.6×10^8 亿立方米的水体中,97.5%为咸水,汇集于海洋及咸水湖泊。淡水资源总量仅为 3.5×10^8 亿立方米,占全球水资源总量的 2.5%。而淡水的 68.7%属于极地冰盖及高山冰川,30.8%属于深层地下水,均为难以利用型淡水资源。可供人类利用的河流、湖泊及浅层地下水,约占总淡水量的 0.5%。在水资源利用中,农业是第一用水大户,约占整个社会经济用水的 73%。

随着人口的急剧增加和社会的进步与发展,人类对水的需求量不断增加,水资源匮缺问题愈来愈受到瞩目。我国是一个人口大国,水资源供需矛盾尤为突出。总体而言,我国水资源基本特点有以下几方面。

一、水资源总量丰富,按人口和耕地平均数量较少

我国陆地多年平均降水总量约 61889 亿立方米,折合水深 630 毫米。据水利部组织的全国水资源调查评估结果,我

· 1 ·

国平均年径流总量 27115 亿立方米,年均地下水资源量 8288 亿立方米,扣除重复计算量,我国多年平均水资源总量为 28124 亿立方米。河川径流是水资源的主要组成部分,占全国水资源总量的 94.4%。从河川径流总量看,我国仅次于巴西、前苏联、加拿大、美国和印度尼西亚,居世界第 6 位。

但我国幅员辽阔,人口众多,以占世界 7% 的耕地养育着占世界 22% 的人口。水资源按耕地面积与人口数的平均值并不高。每公顷耕地平均径流水量为 28 050 立方米,相当于世界平均水平的 80%。若按现在的 13 亿人口计算,平均每人占有的径流量仅为 2200 立方米,比世界平均水平的 1/4 还低,约相当于美国人均占有量的 1/6,前苏联的 1/8,巴西的 1/19,加拿大的 1/58。我国人均水资源占有量在世界各国的排名,1995 年仅列第 121 位。显然,按人口和耕地平均拥有的水资源量相当紧缺,因此水资源是我国十分珍贵的自然资源。

二、地区分布极不平衡

从我国水资源地区分布看,北方水资源贫乏,南方水资源相对丰富,南北方相差悬殊。就河川径流看,长江及其以南地区的流域土地面积占全国总面积的 36.5%,耕地占全国的 36%,却拥有全国 80.9% 的水资源总量;而西北地区土地面积和耕地面积都占全国的 33.3%,但河川径流量只是全国的 10%。黄淮海平原耕地面积约占全国的 40%,但年径流量只占全国的 6.6%。尤其是海、滦河和辽河两流域,地表水资源仅为全国的 1.6%,却负担着占全国 13.1% 的人口和 16.5% 的耕地,人均和地均水资源量仅为全国平均值的 10%(表 1-1)。可见,我国水、土资源的组合很不协调,形成南方水多地少、北方水少地多的基本格局。

表 1-1　全国各流域片人均水资源与地均水资源比较

流域片名称	流域片占全国（%）	水资源总量（亿立方米）	占全国（%）	人口占全国（%）	耕地占全国（%）	人均水量（立方米）	公顷耕地平均（立方米）
内陆河片（含额尔齐斯河）	35.3	1303.9	4.6	2.1	5.8	6290	22050
北方五片							
黑龙江流域片	9.5	1351.8	4.6	5.1	13.0	6290	10185
辽河流域片	3.6	576.7	2.1	4.7	6.7	1230	8370
海滦河流域片	3.3	421.1	1.5	9.8	10.9	430	3765
黄河流域片	8.3	743.6	2.6	8.2	12.7	912	5730
淮河流域片	3.5	961.0	3.4	15.7	14.9	623	6315
合　计	28.2	4054.2	14.4	43.5	58.2	938	6810
南方四片							
长江流域片	19.0	9613.4	34.2	34.8	24.0	2760	39300
珠江流域片	6.1	4708.1	16.8	10.9	6.8	4300	67950
浙闽台诸河片	2.5	2591.7	9.2	7.2	3.4	3590	73800
西南诸河片	8.9	5853.1	20.8	1.5	1.8	38400	327000
合　计	36.5	22766.3	81.0	54.4	36.0	4180	61950
全　国	100.0	28124.4	100.0	100.0	100.0	2730	28050

三、水资源随时间变动性大

我国河川径流的季节变化与降水的变化基本一致,即:夏季水多,冬春水少。连续最大 4 个月径流量占年径流量的比例,长江以南及云贵高原以东的地区为 60%左右,多出现在 4~7 月份;长江以北为 80%以上,海河平原高达 90%,多出现于 6~9 月份;西南地区为 60%~70%,出现于 6~9 月份或 7~10 月份。一年内短期集中的径流往往造成洪水,使大多数河流出现夏汛或伏汛,南方地区还会出现春汛或秋汛。北方大多数河流冬、春季径流量少,与灌溉作物春季大量需水形成矛盾。

同时,河川径流的年际变化也相当悬殊。以河流的丰水年最大径流量与枯水年最小径流量相比,长江及其以南地区一般相差 2~3 倍,北方一般为 3~6 倍,其中最缺水的海河、淮河各支流地区达 10~20 倍。径流量的逐年变化存在明显的丰、平、枯水年交替出现,以及连续数年为丰水段或枯水段的现象,使我国经常发生旱、涝和连旱、连涝现象,加剧了水资源调节利用的困难,对生产和人民生活极为不利。

四、工农业用水矛盾日益尖锐化

据全国用水量调查资料显示,1993 年全国实际总用水量为 5 255 亿立方米。其中,农业用水 3850 亿立方米,占 73.3%;农村生活用水 227 亿立方米,占 4.3%;工业用水 926 亿立方米,占 17.6%;城市生活用水 252 亿立方米,占 4.8%。按农村和工业城市用水两大类分,农村用水占 77.6%,工业城市用水占 22.4%。从新中国成立以来的 50 多年用水量增长情况看,平均每 10 年用水量约增加 1000 亿立方米,其中工业和城市用水增长速度高于农业。但从用水总量看,农业仍是第一用水大户。

现在我国水资源供需矛盾已严重影响国民经济的发展。按我国目前工农业生产及人民生活现状用水量统计,在中等干旱年份,全国共缺水 358 亿立方米,其中农业缺水 300 亿立方米,工业城市缺水 58 亿立方米。从不同地区看,黄淮海地区缺水 147 亿立方米,长江流域缺水 90 亿立方米,华南地区缺水 35 亿立方米,东北地区缺水 20 亿立方米。随着国民经济的迅速发展和人口的持续增加,今后相当长一个时期内,各种非农业用水量势必进一步上升,使农业用水更趋紧张(表1-2)。

表1-2 全国用水量预测

年份	农业用水		工业用水		生活用水		总用水量 (亿立方米)
	灌溉面积 (万公顷)	用水量 (亿立方米)	产值 (亿元)	用水量 (亿立方米)	人日用水 (升)	用水量 (亿立方米)	
1990	4790	4400	23851	500	25	100	5000
2000	5323	4700	69900	1153	35	167	6020
2010	5700	5000	150984	1812	50	230	7042
2030	5700	5000	531460	4783	70	365	10148

第二节 我国节水农业发展现状及其趋势

节水农业是指充分合理利用自然降水和各种可用水资源,采取水利、农艺、管理等措施,以提高水的利用率和水分生产率为中心的高产、优质、高效农业生产模式。它不仅是克服水资源紧缺矛盾的必然选择,而且是科学技术进步的产物,也是现代化农业的重要内涵。

一、节水农业的技术体系

节水农业不是一种单一的技术,而是包含多种技术措施的一套技术体系。这些技术措施可分为三部分:节水灌溉技术、农艺节水技术以及节水管理技术。三者相互结合并融为一体,形成一个综合的农业节水技术体系。

(一)节水灌溉技术

节水灌溉技术即采用各种先进的灌溉技术,达到节约灌溉用水的目的。农田灌溉节水主要有两种途径,一方面是将输配水过程中的渗漏损失水量减少到最小;另一方面是采取各种先进的灌水方法、灌水技术和灌溉制度等,把田间灌水过程中的各类损失减少到最低程度,提高灌溉水的有效利用率和单位水量的生产效率。节水灌溉技术的特点是高度节水的补充灌溉,通过采用高新技术控制用水(包括时、空、量、质),恰到好处地满足作物不同生育期的需水,使作物获得优质高产,实现水资源的良性循环。

节水灌溉技术主要包括:渠道防渗工程技术,低压管道输水技术,地面灌溉节水技术,喷灌技术,微灌技术,地下灌溉技术,坐水播种技术等。

(二)农艺节水技术

农艺节水技术是在传统农业蓄水保水等抗旱技术和方法的基础上,注入现代科学技术成果,通过耕作栽培技术的改进而形成的一系列旱作农业新技术。主要包括:蓄水保墒、土壤耕作、治坡治沟等水土保持技术,农田覆盖保墒技术,少耕免耕技术,截流、集水等径流农业技术,抗旱播种、抗旱保苗技术,旱地农业结构调整、作物布局与轮作技术,农田培肥与合理施肥技术,作物品种抗旱性改良技术,以及抗旱、保水化学制剂的应用技术等。

(三)节水管理技术

节水管理技术是根据农业生产的实际需水要求和可能的水源条件,合理开发利用和分配水资源,并在节约用水的原则下,及时、适度地满足作物对水分的需求,达到既节水又增产的目的。

节水管理技术主要包括:区域水资源优化分配技术,地下水合理开采利用技术,劣质水(包括生活污水、工业污水、微咸水和灌溉回归水)利用技术,土壤墒情监测与预报技术,实时灌溉预报技术,用水管理的自动化和计算机管理技术等。

二、我国节水农业发展现状

我国一方面水资源紧缺,另一方面农业用水浪费现象又十分严重。目前我国灌溉水的利用系数只有 0.4 左右,也就是说,每年经过水利工程引、蓄的约 4 000 亿立方米的农业灌溉用水量,有 60% 左右在输水、配水和田间灌水过程中被浪费掉。而发达国家的灌溉水利用系数可达 0.8 ~ 0.9。同时,我国包括灌溉水和降水在内的农田水利用效率也很低,每立方米水生产粮食不足 1 千克,不到发达国家水分生产率的一半,如以色列每立方米可生产 2.3 ~ 3.5 千克粮食。因此,采取各种行之有效的节水农业技术,并将这些技术组装配套,高度集成推广应用,对提高我国农业生产力水平,达到节水增产、优质高效的生产目标,有着极为重要的意义。

经过长期的研究和生产实践,我国节水农业发展势头良好,各地都涌现出一批节水农业的成功模式。

在旱作节水技术应用方面,山西省试验推广的"蓄水聚肥改土耕作法"(又称"丰产沟"),通过十多年多点示范推广,无论在丰水年还是在干旱年,均取得显著的增产效果。"蓄水聚肥耕作"与常规耕作相比,在梯田增产 32.3% ~ 81%,坡地增产 58% ~ 118.8%,旱坪及高寒残垣地增产 33%。河北省通过 4 年的系统研究和示范推广,形成了旱地农业综合配套增产技术体系,创造了该省西北冷凉山区旱作露地玉米产量 7 500 千克/公顷、地膜覆盖玉米丰产沟栽培产量 1 500 千克/公顷、坝上脱毒马铃薯产量 45 000 千克/公顷、沟播春小麦产量 4 500 千克/公顷以及中南部冬小麦机械化沟播产量 5 250 千克/公顷、夏玉米、谷子产量6 000千克/公顷等旱作高产典型。宁夏回族自治区和甘肃等地发展水窖水窑集雨节水灌溉面积数万公顷，每个窖窑平均蓄水60立方米，用于0.13公顷耕地的补充灌溉，较常规旱地增产3~4倍，为干旱缺水地区发展节水农业走出一条新路。

在节水灌溉工程技术应用方面，陕西省洛惠渠灌区，推广长畦改短畦、宽畦改窄畦、大水漫灌改小畦浅灌后，作物生育期灌水量降低20%~30%。山东济宁市汶上井灌区实行低压管道输水灌溉后，输水利用率从0.6提高到0.95以上，每公顷节水600立方米，节水率达40%，节能33%，节地1.7%，省工50%，灌水周期缩短1/3。河南省偃师县关窑村，采用以半固定式滴灌为中心，井池结合，提蓄结合，限量供水与滴灌关键水的"提、蓄、滴"相结合的灌溉模式，利用每小时出水量20立方米的机井，年平均灌溉面积57.9公顷，小麦每公顷平均用水量759立方米，增产1 522千克。河南、山东、河北、内蒙古等地大面积推广小麦优化灌溉制度，累计推广面积66.7万公顷，据测定每公顷节水1 255~2 250立方米，比传统灌溉制度少灌1~3次水，产量接近充分灌溉时的最高产量。新疆绿洲农业区发展膜上灌面积达20万公顷，与传统沟灌相比，棉花节水40.8%，增产5.1%；玉米节水58%，增产51.8%。

除单项节水技术的研究和应用外，我国一些地方和科研机构还开始注重节水技术的组装配套，因地制宜地研究建立不同地区的节水农业综合技术体系。如中国农业科学院农田灌溉研究所完成的"华北地区节水农业技术体系的研究与示范"，在河南、山西、河北建成三个节水农业示范区，实施节水灌溉综合技术措施，分别取得了单位面积增产39.7%，71.5%和104%，节水30.4%，45.5%和55%，提高水分生产率

63.3%,30%和96.5%的显著效益。又如山东桓台县在充分利用降水、开发利用土壤水以及合理调控地下水的基础上,把农业和水利措施紧密结合起来,实现了节水吨粮田,灌溉水的利用率达到 0.93～0.96,水的粮食生产率达到 2.4 千克／立方米,是我国井灌区农业高效用水的典型。广西壮族自治区近年在 160 万公顷水稻田推广"浅、薄、湿、晒"节水灌溉技术,平均每公顷节水 1 420 立方米,增产稻谷 376 千克,也是农业、水利、管理技术措施综合运用的成果。

三、节水农业发展的趋势展望

面对人口增加,工农业用水持续上升,水资源短缺不可逆转的严峻形势,加强节水农业技术的研究和示范推广,是我国农业持续发展的必然选择。受社会经济条件和科技发展水平等因素的制约,我国目前在节水农业技术的先进性和成果转化方面与发达国家还有相当大的差距。这同时也预示着我国未来节水农业发展的巨大潜力。

为了实现我国农业的可持续发展,节水农业技术的成功应用必须符合三个准则:

第一,可持续性——即能够有效地保护和合理、高效地利用水资源,维持水资源的良性循环,使其可以得到永续利用;

第二,有效性——即能够显著提高经济效率,包括节水效率、增产效率、节能效率以及农业投资报酬率等;

第三,技术密集性——即具有较高的技术密集程度,能够满足农业各个发展阶段对科学技术的需求。

从世界范围的发展经验看,节水农业技术的组装配套和综合应用具有更大的应用前景。发达国家都十分强调节水工程技术措施与节水农业技术措施的结合,实现节水、高产、优质、高效的最终目标。如美国、以色列等国利用滴灌系统对作物同时供应水分和养分,做到水肥同步,不仅提高了水的利用率,而且提高了肥料的利用率。另外,高新技术在农业节水中也得到较快的应用。如节水灌溉的计算机自动控制、精确农业系统管理中的水分调节等,可以使水资源的生产效率达到相当高的水平。

加强水资源的综合管理也是今后实施节水农业策略值得关注的方面。其主要内容除采用现代化的管理技术以外,强调农民参与灌溉管理,改革灌区管理体制,组织用水者协会,下放管理权限,充分调动农民积极性;制定水资源管理和水价政策,作为节约用水的重要内容;把水当作一种经济商品,并将市场机制引入到灌溉配水中去,促进节约用水;重视对农民的培训和在灌区开展咨询服务等。都是推广农业节水技术所不可缺少的手段。

第二章 集雨灌溉农业技术

第一节 集雨灌溉农业的发展现状及潜力

我国北方旱区包括 16 个省、自治区、直辖市的 741 个县(市),多年平均降水量约 200 毫米左右,年际变化大,年内分布不均,暴雨集中,易造成水土流失。在干旱半干旱地区采取工程和农艺措施聚集有限降水、拦截雨季径流为农业生产和人畜生活服务的技术措施,包括雨水的收集及高效利用技术,是充分高效地利用有限降水资源,促进旱地农业稳产高产的重要技术措施。

"七五"期间北京开展了城市雨洪利用技术研究。80 年代末以来,各地发展较迅速,如甘肃省实施的"121"雨水集流工程(每户建 100 平方米左右的雨水集流场,打 2 眼水窖,发展 0.067 公顷左右庭院经济),内蒙古自治区实施的"112"集雨节水灌溉工程(一户建一眼旱井或水窖,采用坐水种和滴灌技术,发展 0.134 公顷抗旱保收田),宁夏回族自治区的"窖水蓄流工程",陕西省的"甘露工程",还有山西、河南、河北等省的雨水集蓄工程。这些有效的雨水集蓄措施的研究和应用,取得一批成果,产生了明显的经济效益、社会效益和生态效益,展现出强大的生命力。

我国是一个农业大国。广大的农村,上亿多的农户,房前屋后庭院面积达 340 多万公顷。由于雨水集蓄工程一般规模小,分布较散,不会造成不利的环境影响,且有利于生态保护。

因此,凡有效降雨在250毫米以上的地区,都可开发雨水资源,除解决生活用水外,实施节水灌溉,秋水春用,变被动抗旱为主动抗旱,这是我国21世纪水资源可持续利用的一个有效途径,开发利用前景十分广阔。

第二节　田间工程集水技术

田间工程集水技术,是指对自然坡面、沟道、院场、道路等天然集雨场和人工集雨场产生的径流进行人工聚集和蓄存的技术措施。包括人工集雨场和蓄水系统的水窖、池塘、涝池等。

一、总体规划

(一)集流场规划

广大农村都有公路或乡间道路通过。不少农村,特别是山区农村房前屋后一般都有场院或一些山坡地等。应充分利用这些现有的条件,作为集流面,进行集雨场规划。若现有集雨场面积小等条件不具备时,应规划修建人工防渗集流面。若规划结合小流域治理,利用荒山坡作为集流面时,要按一定的间距规划截流沟和输水沟,把水引入蓄水设施或就地修建谷坊塘坝拦蓄雨洪。用于解决庭院种植灌溉和生活用水的集雨场,首先应利用现有的瓦屋面作集雨场。若屋面为草泥时,考虑改建为瓦屋面(如混凝土瓦);若屋面面积不足时,则应规划在院内修建集雨场作为补充。有条件的地方,尽量将集雨场规划于高处,以便能自压灌溉。

(二)蓄水系统规划

蓄水设施可分为蓄水窖窖、蓄水池和塘坝等类型,要根据当地的地形、土质、集流方式及用途进行规划布置。用于大田灌溉的蓄水设施要根据地形条件确定位置,一般应选择在比灌溉地块高 10 米左右的地方,以便实行自压灌溉。用于解决庭院经济和生活用水相结合的蓄水设施,一般应选择在庭院内地形较低的地方,以增加集雨效率和取水方便。为安全起见,所有的蓄水设施位置必须避开填方或易滑坡的地段。在规划一个或数个蓄水设施时,两个蓄水设施的距离应不少于 4 米。公路两旁的蓄水设施应符合公路部门的排水、绿化、养护等有关规定。蓄水设施的主要附属设施如沉沙池、输水渠(管)等,应统一规划考虑。

二、雨水集流场设计

利用当地条件集蓄雨水进行作物灌溉时,首先应考虑现有的集流面,如沥青公路路面、乡村道路、场院和天然坡地等。现有的集流面面积小,不能满足集水量要求时,则需修建人工防渗集流面来补充。防渗材料有很多种,如混凝土、瓦(水泥瓦、机瓦、青瓦)、天然坡面夯实、塑料薄膜、片(块)石衬砌等。要本着因地制宜、就地取材、集流效率高和工程造价低的原则选用。表 2-1 是在宁夏测定的不同材料集流面集流效率表,可供选择人工集流场时参考。

表 2-1 宁夏不同材料集水场在不同降水量及保证率情况下
全年集水量

多年平均降水量（毫米）	保证率（%）	集水量(立方米/100平方米)						
		混凝土	水泥土	机瓦	青瓦	黄土夯实	沥青路面	自然土坡
400~500	50	40	26.5	25	20	12.4	34	4
	75	39.5	22.5	24	19	11.5	33.5	3.5
	95	38	20.5	19.5	15.5	9.5	32.5	3.0
300~400	50	32	20.8	19.6	16	10.4	27.2	3.2
	75	31.2	18.4	16.8	13.6	8.4	26.4	2.8
	95	30	16	14.8	11.6	6.8	25.6	2.0
200~300	50	23.4	14.1	12.3	10.2	6	19.8	1.8
	75	22.5	12	10.2	8.4	5.1	19.2	1.5
	95	21.9	9.9	9	7.2	3.9	18.6	1.2

若当地砂石料丰富,运输距离较近时,可优先采用混凝土和水泥瓦集流面。因这类材料吸水率低,渗水速度慢,渗透系数小,在较小的雨量和雨强下即能产生径流。在全年不同降水量水平下,效率比较稳定,可达 70% ~ 80%,而且寿命长,集水成本低,施工简单,干净卫生。混合土(三七灰土)因渗透速度和渗透系数都较大,受雨强和前期土壤含水率影响也较大,故集流面形成的径流相对较少。原状土夯实比混合土集流面形成的径流又少。这是因为土壤表面的抗蚀能力较弱,固结程度差,促使土壤下渗速度加快,下渗量增大,因而地表径流就相应减少;效率一般在 30% 以下,所需集流面积较大,且随着年降雨水平的不同,年效率不稳定,差别较大。

若当地人均耕地较多,可采用土地轮休的办法,用塑膜覆盖部分耕地作为集流面,第二年该集流面转为耕地,再选另一块耕地作为集流面。这种材料集流效率较高,但塑膜寿命短。

在有条件的地方,可结合小流域治理,利用荒山坡地作为集流面,并按设计要求修建截流沟和输水沟,把水引入蓄水设施。

三、截流输水工程设计

由于地形条件和集雨场位置、防渗材料的不同,其规划布置也不相同。

对于因地形条件限制离蓄水设施较远的集雨场,考虑长期使用,应规划建成定型的土渠。若经济条件允许,可建成 U 形或矩形的素混凝土渠。

利用公路、道路作为集流场且具有路边排水沟的,截流输水沟渠可从路边排水沟的出口处连接修到蓄水设施。路边排水沟及输水沟渠应进行防渗处理,蓄水季节应注意经常清除杂物和浮土。

利用山坡地作为集流场时,可依地势每隔 20~30 米沿等高线布置截流沟,避免雨水在坡面上漫流距离过长而造成水量损失。截流沟可采用土渠,坡度宜为 1/50~1/30。截流沟应与输水沟连接。输水沟宜垂直等高线布置,并采用矩形或 U 形素混凝土渠或用砖(石)砌成。

利用已经进行混凝土硬化防渗处理的小面积庭院或坡面,可将集流面规划成一个坡向,使雨水集中流向沉沙池的入水口。若汇集的雨水较干净,也可直接流入蓄水设施,而不另设输水渠。

四、水源工程设计及施工

(一)水窖的设计与施工

1. 水窖的位置选择　北方干旱地区,特别是西北黄土丘陵区地形复杂,梁、峁、台、坡等地貌交错,草地、荒坡、沟谷、道路以及庭院等均有收集天然降水的地形条件。选择窖(窑)位置应按照因地制宜的原则,综合考虑窖址的集流、灌溉和建窖土质三方面条件。水窖应选在灌溉农田附近和引水、取水都比较方便的位置。山区要充分利用地形高差大的特点多建自流灌溉窖;同时窖址应选择在土质条件好的地方,避免在易产生山洪的沟边、陡坡、陷穴等地点打窖。不同土质条件的地区要选择与之相适应的窖型结构,如土质夯实的黄土、红土地区可布设水泥砂浆薄壁窖,而土质较疏松的轻质土(如砂壤土)地区则布置混凝土盖窖或素混凝土盖窖为宜。

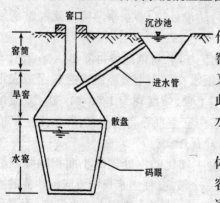

图 2-1　水窖结构示意图

2. 水窖的选型传统形式的水窖有井窖和窑窖两种。井窖又可分为瓮窖和缸窖。此外还有改进式水窖。水窖的结构见图 2-1。

(1)瓮窖　窖形整体为拱型,比较坚固,容积大,能把水蓄满,适用于高原和丘陵地区土质较好的地方。窖筒直径 70 厘米,深 1～2 米,旱窖深 3 米,水窖呈锅底形,深 5～7 米(图 2-2)。

(2)缸窖 多适用于旱原地区,规模小,容积大。窖筒直径60～70厘米,深1～2米,旱窖深2～3米,水窖深3～4米,散盘直径3～4米,底部直径2米左右(见图2-3)。

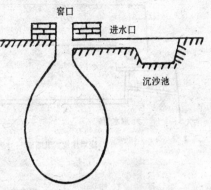

图2-2 瓮窖示意图

(3)窑窖 窑窖是在山区靠近崖根处挖的一种水窑。与井窖

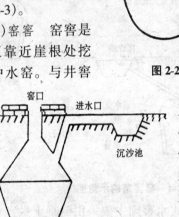

图2-3 缸窖示意图

比较,容量大,技术简单,施工容易,出土方便,比较省工,开挖较快,还可自流引水,取水方便。窑窖要求地形有崖坎,单向拱,否则坍塌损坏的较多。主要结构为窑门、窑顶和水窖三部分。窑顶一般矢跨比1:2,跨度3～4米,矢高1.5～2.5米;窑长8～15米。蓄水部分为上宽下窄的梯形,边坡竖横比一般为8:1,深3～4.5米,底宽1.5～4.5米(图2-4)。

(4)改进式水窖 其设计比较科学,并附有手压式抽水泵等设施,便于抽水灌溉(图2-5)。

上述传统水窖过去一般采用自然土拱窖和胶泥三合土等

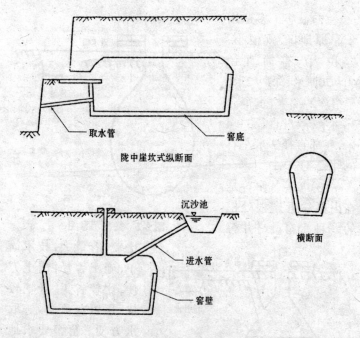

取水管

窖底

陇中崖坎式纵断面

沉沙池

进水管

窖壁

横断面

图 2-4   窖窖结构示意图

防渗材料处理,而改进式水窖则主要采用混凝土拱窖和水泥沙浆作防渗处理。

3.水窖的容积设计   按照科学、经济合理的原则确定水窖的容积是集水工程建设的一个重要方面。影响水窖容积的主要因素有地形土质条件等,应按照不同用途、要求、当地经济水平和技术能力选择窖型结构。

(1)根据地形土质条件确定水窖容积   水窖作为农村的地下集水建筑物,其容积大小受当地地形和土质条件的影响和制约。当地土质条件好、土壤质地密实,如红土、黄土区,开挖水窖容积可适当大一些;而土质较差的地区,如砂土、黄绵

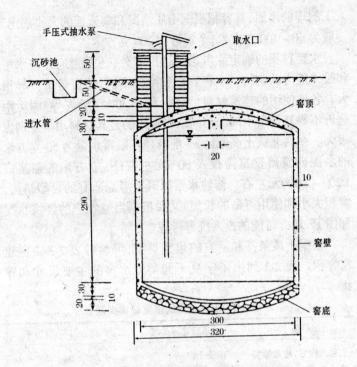

图 2-5　改进式水窖(混凝土整体薄壁水窖)

土等,如窖容积大,则容易产生塌方,一些地方甚至因土质条件不宜建窖。

(2)按照不同的用途要求选择窖型结构和容积　如主要用于解决人畜饮水的窖大都采用传统土窖,有瓶式窖、坛式窖等,其容积一般为 20～40 立方米。

用于农田灌溉的水窖一般要求容积较大,窖身和窖口通常采取加固措施,以防止土体坍塌。如改进型水泥薄壁窖、盖窖、钢筋混凝土窖,水窖容积一般为 50 立方米、60 立方米、100 立方米左右。窑窖一般适用于土质条件好的自然崖面或可作人工剖理的崖面,其容积根据土质情况和集流面的大小确定,一般为 60～100 立方米,个别可达 200 立方米。

　　水窖容积的确定除考虑上述因素外,还受当地经济水平和投入能力的制约。水窖容积和结构不同,建窖造价差异很大。各地使用的建筑材料(水泥、石子、砂、红胶泥等)因运距远近不等其价格不同。不同结构形式的窖其材料用量差别也很大。在西北黄土高原区,一般修建一眼蓄水量为 50 立方米的水泥砂浆薄壁窖需投入 800 元左右;60 立方米的盖窖需1 200～1 500元左右。修建水窖时既要考虑适宜的窖型结构、容积大小和使用寿命的长短,又要根据当地农户的经济状况和国家、地方可能的投入统筹考虑。

　　根据土质条件和适宜的建窖类型,可参考表 2-2 确定建窖容积。表 2-3 列出了宁夏不同类型水窖的主要尺寸和容积。

表 2-2　不同土质的适宜建窖类型

土 质 条 件	适宜建窖类型	建窖容积(立方米)
土质条件好,质地紧实的红土、黄土区	传统土窖	30～40
	改进型水泥薄壁窖	40～50
	窑窖	60～80
土质条件一般的壤质土区	混凝土盖碗窖	50～60
	钢筋混凝土窖	50～60
土壤质地松散的砂质土区	不宜建窖,宜修建蓄水池	100

4. 水窖的建造

　　(1)窖身开挖　水窖开挖由人工进行。传统自然土拱盖和胶泥防渗处理的水窖开挖程序为:先挖窖筒和旱窖,挖至蓄水部分后挖扣带和麻眼。扣带沿水窖最高处环绕窖壁一周,

表2-3 水窖主要尺寸表

项目名称	窖容(立方米)	窖深(米)			各部尺寸(米)				窖底厚(厘米)			窖壁厚(厘米)	混凝土拱盖厚(厘米)	窖盖厚(厘米)
		合计	水窖	旱窖	底径	中径	上口径	窖口高	红胶泥	砂浆	混凝土	水泥砂浆		
水泥砂浆薄壁窖	40	6.5~7.0	4.0	2.5~3.0	3.0	4.0	0.8~1.1	0.3	30	3	10	1.5×2 (1.0×3)	—	8
	50	7.0~7.5	4.8	2.5~3.0	3.2~3.4	4.0	0.8~1.1	0.3	30	3	10	1.5×2 (1.0×3)	—	8
混凝土盖碗窖	50	6.5	5.0	1.4~1.5	3.2	4.0	1.0	0.3	30	3	10	1.5×2 (1.0×3)	6	8
	60	6.7	5.2	1.4~1.5	3.5	4.2	1.0	0.3	30	3	10	1.5×2 (1.0×3)	6	8
素混凝土肋拱盖碗窖	50	6.5	5.0	1.5	3.2	4.0	1.0	0.3	30	3	10	1.5×2 (1.0×3)	12~14	8
	60	6.7	5.2	1.5	3.5	4.2	1.0	0.25	30	3	10	1.5×2 (1.0×3)	12~14	8

续表 2-3

项目名称	容积(立方米)	窖深(米)			各部尺寸(米)				窖底厚(厘米)			窖壁厚(厘米) 红胶泥 水泥砂浆	混凝土拱盖厚(厘米)	窖盖厚(厘米)
		合计	水窖	旱窖	底径	中径	上口径	窖口高	红胶泥	砂浆	混凝土			
砖拱窖	40	5.7~6.2	4.0~4.5	1.7	3.0	4.0	0.8	0.25	30	3	10	1.5×2(1.0×3)	15	8
	50	6.7	5.0	1.7	3.2	4.0	0.8	0.3	30	3	10	1.5×2(1.0×3)	15	8
崖窑窖	60	6	3.0	1.4	3.0	4.0	0.8	0.3	30	3	10	1.5×2(1.0×3)	—	8
	80	8	3.5	1.4	3.2	4.2	0.8	0.3	30	3	10	1.5×2(1.0×3)	—	8
传统土窖	30	6.5~7.4	3.8	3.6	2.6~2.8	3.6	0.6	0.3	30	—	—	红胶泥 4厘米	—	木盖
	40	8.0	4	4	3.0	4.0	0.6	0.3	30	—	—	红胶泥 4厘米	—	木盖

口宽8厘米,深15厘米,以15°角向下倾斜。麻眼间距20厘米,"品"字形布置,口径8厘米,深15厘米,微向下斜,以便塞入胶泥,钉窖防渗。崖坎窖窖开挖,先刷齐崖面,再挖宽、高各1.5~2米、深2米的窖门。窖门开好后,就向内挖窖,先挖窖顶,再挖窖身。

采用各种形式的水泥等钢窖盖时,施工程序为:在窖址处开挖窖盖状的土模并抹光→在土模上架放钢筋→浇抹水泥窖盖→洒水养护21天,在水泥窖盖上回填湿土并夯实→从窖口处开挖窖体并自上而下进行窖体防渗处理直至成型后灌少量水并封闭窖口。

窖窖施工程序为:开挖窖拱→水泥砂浆砌砖座→浇筑拱肋→砂浆抹面→开挖窖池→自上而下进行池壁、池底的防渗处理→水泥砂浆砖砌封门并抹面作防渗处理。

由于施工技术复杂,为了确保质量,最好请专业人员进行施工。

(2)窖壁防渗 水窖防渗多用胶泥捶、三合土或水泥抹面。

①胶泥捶:防渗材料主要为红胶土,掺和部分黄土,其颗粒组成要求砂粒、粉粒、粘粒的比例1:2:1较好。掺料拌好后,加水浸泡透,搅拌均匀。用水将窖壁洒湿,开始用胶泥塞进麻眼钉窖,窖钉打好后及时捶打,需捶20遍左右,干容重达1.7克/立方厘米为止。捶成后的厚度上、中、下和底部依次为2厘米、3厘米、4厘米、5厘米。最后,倒几担水并加盖,保持窖内潮湿,防止干裂。

②三合土抹面:陕西渭北地区用白灰、细砂、胶土三合土,体积比为1:1:3。

③水泥抹面:所用材料有水泥、白灰、砂子。白灰砂浆体

积比 1:1.5~2,水泥砂浆体积比 1:2~2.5。先用白灰砂浆打底,接着用水泥砂浆抹面,再用水泥浆漫一层,水泥窖漫至窖口,以增加有效容量。

5.混凝土整体薄壁水窖的修建技术

第一,一般水窖直径 3 米。施工时在地面划出水窖的内圆,从内圆向外再扩展 1.5 米,挖一条深 1 米、宽 1.5 米的圆形沟,使圆形沟中心形成一个半径 1.5 米、高 1 米的圆柱形土体。将内圆柱土体上部 0.5 米削去,余下的 0.5 米高圆柱土体,修成圆弧形,作为窖顶内模型。

第二,在窖顶内模的圆弧体上挖两条相互垂直的中心深 10 厘米、宽 20 厘米的沟槽。沟槽由窖顶内模中心的 10 厘米深逐渐变浅,至边壁时走平,作为水窖弧形顶盖混凝土加固梁的模型。用挖槽铲和提土铲沿圆形土体的边缘垂直下挖一条宽 10 厘米、深 2.9 米的圆形槽沟,以便浇筑窖壁。

第三,用塑料薄膜缝制成两个直径分别为 3 米和 3.2 米、高度均为 2.9 米的圆柱形塑膜套子,分别套在圆柱土体上,作为浇灌混凝土时的保护层。使用质量可靠的 425 号水泥、粗沙、粒径 10~20 毫米的石子,按水泥 50 千克、粗沙 0.1 立方米、石子 0.15 立方米、水 0.03 立方米的比例混合拌匀,即可向两层塑料薄膜中间浇灌。每浇 10 厘米厚用长把榔头捣实后再浇。窖壁浇筑完后,在窖顶内模土体上铺一层塑料薄膜,并在边上留一个 50 厘米×50 厘米的进出水口,即可浇筑窖顶。

第四,浇灌后待混凝土凝固 2~3 天,即可从进出水口将作为水窖内模的圆柱土体全部挖出,并挖至窖壁下缘以下 60 厘米处,这时揭掉内壁的塑料薄膜,将底部虚土夯实,铺粒径最大为 4 厘米的卵石层 20 厘米厚,用水泥灌浆打底(可作成平底或圆弧底），然后打一层厚 10 厘米的混凝土底，并与窖体连为一体，再在窖壁和窖底刷一层水泥浆，水窖的主体工程即告完成。

第五，修进出水口时，用砖砌或混凝土浇筑均可。进出水口要高出地面 0.5 米，上层盖上水泥板或木板，有条件的还可以加装手压式抽水泵。在窖口可安装一根水管或修一个 10 厘米×10 厘米的斜孔作为进水口，在进水口前修一个沉沙池。此后用土将窖顶填至与地面平并夯实即可。

修建一个贮水量为 21 立方米的水窖，用工约 40 个，投资250～300 元，所需材料见表 2-4。

表 2-4　混凝土薄壁水窖的材料用量

混凝土		卵石		水泥		石子		塑料薄膜		粗沙
标号	数量（立方米）	最大粒径（厘米）	数量（立方米）	标号	数量（吨）	粒径（厘米）	数量（立方米）	厚度（毫米）	数量（平方米）	数量（立方米）
250	6	4	4	425	1.1	1～2	3.3	0.02	64	2.2

6.水窖的配套设施　配套设施包括集水场、输水渠、沉沙池、拦污栅、进水管、窖口井台、消力设施等。

（1）集水场　水窖蓄水一般利用坡面、公路、屋顶、人工集雨场等收集降水径流，年降水量在 250～600 毫米的地区，一个容量为 50～60 立方米的水窖，需要集水场面积 800～1 300平方米。如遇较大的降雨，一般 1～2 次降水过程就可集满。集流面处理状况分原土质坡面、黄土夯实面、3∶7 红黄土夯实面、土或机瓦面、混凝土面、水泥瓦面、塑料膜覆盖面等数种。

（2）沉沙池　一般长2～3米，宽1.5～2米，深1米。高于进水口。距窖口2～3米，以防渗水造成窖壁坍塌。

（3）拦污栅与进水管　拦污栅设在高于沉沙池底0.5米、进水管的前面。在直对进水管进水处的窖底，应设石板或混凝土消力，以防入窖水流冲坏窖底防渗层。

（4）窖口井台　一般高出地面0.3～0.5米，平时要封闭，可安装井盖或引水提水设备。

除上述配套设施外，在降雨量较大地区，还应修建排水设施以防蓄水过多引起水窖垮塌。

7.水窖管护　水窖的日常管护是延长水窖使用寿命的关键。下雨前要及时清理进窖的水路，下雨时要及时引入水窖，水满后要立即封闭进水口，以防止蓄水位超过窖体防渗层而坍塌。当天旱时，用胶泥防渗的水窖，窖内存水不能用完，待水深至0.3米时，应立即停止取水，以保持窖内湿润，防止窖壁干裂而造成防渗层脱落。平时取水口应加盖上锁，保证安全卫生。要定期检查维修水窖的各个部位，如有破损及时修补。水窖和沉沙池要进行定期清淤。雨季前必须保证水窖状态完好。

（二）蓄水池的设计与施工

1.蓄水池的种类和位置选择　蓄水池因用途、结构不同有多种多样。按形状、结构可分为圆形池、方形池、矩形池等；按建筑材料、结构可分为土池、砖池、混凝土池和钢筋混凝土池等；按用途可分为涝池（涝坝、平塘）、普通蓄水池（农用蓄水池）、调压蓄水池等。

（1）涝池　是群众利用地形条件在土质较好、有一定集流面积的低洼地修建的季节性简易蓄水设施。

（2）普通蓄水池　是用人工材料修建的具有防渗作用，用于调节和蓄存径流的蓄水设施。根据其地形和土质条件可修建在地上或地下,水深一般为2~4米,防渗措施也因其要求不同而异,最简易的是水泥砂浆面防渗。

蓄水池的选址分以下两种情况:一是有小股泉水露出地表,可在水源附近选择适宜地点修建蓄水池,起到长蓄短灌的作用;二是在一些地质条件较差、不宜打窖的地方,可采用蓄水池代替水窖,选址应考虑地形和施工条件。另外一些引水工程(包括人畜饮水工程和灌溉引调水工程),为了调剂用水,可在田间地头修建蓄水池,在用水紧缺时使用。

(3)调压蓄水池 为了满足低压管道输水灌溉、喷、微灌等所需要的水头而修建的蓄水池。选址应尽量利用地形高差的特点,设在较高的位置实现自压灌溉。

2.蓄水池的容积设计 确定蓄水池容积的原则:

第一,考虑的是可能收集、贮存水量的多少,是属于临时或季节性蓄水还是长年蓄水,蓄水池的主要用途和蓄水量要求;

第二,要调查、掌握当地的地形、土质情况(收集1/1 500~1/1 200大比例尺地形图,地质剖面图);

第三,要结合当地经济水平和可能投入与技术要求参数全面衡量,综合分析;

第四,选用多种形式进行对比、筛选,按投入产出比(或单方水投入)确定最佳容积。表2-5列出了宁夏蓄水池的主要尺寸和容积表,供参考。

表 2-5　蓄水池规格、容积表

类　型	矩　形　池				圆　形　池			超高 (米)	备注
	池长 (米)	池宽 (米)	池深 (米)	容积 (立方米)	直径 (米)	池深 (米)	容积 (立方米)		
开敞式	4.0	3.0	3.0	36	3.0	3.0	21	0.3	计算
	4.0	3.5	3.5	49	3.5	3.5	34	0.3	蓄水
	4.0	4.0	4.0	64	4.0	3.0	38	0.3	量时,
	5.0	4.0	3.0	60	4.0	3.5	44	0.3	要减
	6.0	4.0	3.0	72	5.0	3.0	59	0.3	去超
	8.0	4.0	3.0	96	5.0	3.5	69	0.3	高部
	8.0	4.0	3.5	112	5.0	4.0	78	0.3	分
封闭式	6.0	3.0	3.0	54	3.0	3.0	21	0.3	
	8.0	3.0	3.5	84	3.0	3.5	24	0.3	
	8.0	3.0	4.0	96	3.0	4.0	28	0.3	
	10.0	3.0	3.0	90	3.5	3.5	34	0.3	
	10.0	3.0	3.5	105	4.0	3.0	38	0.3	
	15.0	3.0	3.5	157	4.0	3.5	44	0.3	
	20.0	3.0	3.5	210	4.0	4.0	50	0.3	

3.蓄水池的建造

(1)涝池的建造　涝池按容量大小可分两类:一类修在路边或"胡同"内,受来水量或地形限制,一般容量较小,口径 10～25 米,深 1.5～2 米,容量 200～800 立方米;另一类在村镇附近,来水量大,群众可经常用水,一般容量较大,口径30～40米,深 2～3 米,容量 2 000～5 000 立方米,有条件的地方则可达数万立方米。

涝池修建技术的关键是防渗,常采用的防渗措施有以下几种:

①铺红胶土：涝池挖深较规划多 50 厘米,铺红胶土 20～30 厘米,再覆盖黄土 20～30 厘米,红胶土和黄土都分层夯实。

②撒食盐：将挖好的涝池底部捶一遍,撒上食盐,再捶一遍,可减少渗漏。每千克食盐可撒 30 平方米左右的面积。

(2)普通蓄水池的建造　普通蓄水池按其结构作用不同分为开敞式和封闭式两大类,按其形状特点又可分为圆形和矩形两种。

①开敞式圆形蓄水池：圆池结构受力条件好,在相同蓄水量条件下建筑材料最省,投资最少;开敞式圆形池因不设顶盖,可修建较大容积,充分发挥多蓄水多灌地的作用。

池底：用浆砌石和混凝土浇筑。底部原状土夯实后,用75 号水泥砂浆砌石,并灌浆处理,厚 40 厘米,再在其上浇灌10 厘米厚 C19 混凝土。

池墙：有浆砌石、砌砖和混凝土三种形式,可根据当地建筑材料选用。a.浆砌石池墙：整个蓄水池位于地面以上或地下埋深很浅时采用。池墙厚 30～60 厘米,用 75 号水泥砂浆砌石,池墙内壁用 100 号水泥砂浆漫壁防渗,厚 3 厘米,并添加防渗剂(粉);b.砖砌池墙：当蓄水池位于地面以下或大部池体位于地面以下时采用。砌"24"砖墙,墙内壁同样用 100号水泥砂浆漫壁防渗,技术措施同浆砌石墙;c.混凝土池墙：和砖砌池墙地形条件相同,混凝土墙厚度 10～15 厘米,池内墙用稀释水泥浆作防渗处理。

②开敞式矩形蓄水池：矩形蓄水池结构不如圆形池受力条件好,拐角处是薄弱处,需采取防范加固措施。蓄水池长宽比超过 3 时,在中间需布设隔墙,以防侧压力过大边墙失去稳定性。

开敞式矩形蓄水池的池体组成、附属设施、墙体结构与圆形蓄水池基本相同。

③封闭式圆形蓄水池:封闭式圆形蓄水池增设了顶盖结构部分,增加了防冻保温功效,工程结构较复杂,投资加大,所以蓄水容积受到限制,一般蓄水量为 25~45 立方米。池顶多采用薄壳型混凝土拱板或肋拱板,以减轻荷重和节省投资;池体大部分结构布设在地面以下,可减少工程量,因此要合理选定地势较高的有利地形。

④封闭式矩形蓄水池:基本同封闭式圆形蓄水池,只不过蓄水量变化幅度大。

(3)调压蓄水池的建造 调压蓄水池是为了满足输水管灌和微喷灌所需水头而建造的蓄水池。形成压力水头有不同途径:①在地势较高处修建蓄水池,利用地形落差用管道输水即可达到设计所需水头,实现压力管道输水灌溉或微喷灌。②修建高水位的水塔,抽水入塔池,形成压力水头。③利用抽水机泵加压,满足管道输水灌溉和微喷灌溉需要。后两种方法投资大,不宜普遍推广。第一种方法投资最省,山区可因地制宜推广应用。因此,在山区只要是选好地形修建普通蓄水池就可实现调压目的,不必再多投资修建调压蓄水池。

4.蓄水池的附属设施 基本与水窖相同。

5.蓄水池的管护

(1)适时蓄水 蓄水池除及时收集天然降水所产生的地表径流外,还可因地制宜引蓄外来水(如水库水、渠道水、井泉水等),长蓄短灌,蓄灌结合,多次交替,充分发挥蓄水与节水灌溉相结合的作用。

(2)定期检查维修工程设施 蓄水前要对池体进行全面检查,蓄水期要定期观测水位变化情况,作好记录。开敞式蓄水池没有保温防冻设施,因此秋灌后要及时排出池内积水。冬季要清扫池内积雪,防止池体冻胀破裂。封闭式蓄水池除进行正常的检查维修外,还要对池顶保温防冻铺盖和池外墙填土厚度进行定期检查维护。

(3)及时清淤 开敞式蓄水池可结合灌溉排泥,池底滞留泥沙用人工清理。封闭式矩形池清淤难度较大,除利用出水管引水冲沙外,只能人工从检查口提吊。当淤积量不大时,可二年清淤一次。

第三节 田间农艺集水技术

田间农艺集水技术是指在农地通过改变微地形、增加地表覆盖等以促进雨水就地入渗或在平整农田上建造人工集流面、实现雨水在田间空间聚集的技术措施的总称。其中增加地表覆盖是指在同一地块上种植不同的作物,或通过保留作物残茬等增加雨水就地入渗的技术措施,包括农作物合理的轮作、间作、套作、覆盖耕作和免耕少耕等措施(在第四章论述)。而改变微地形则是指采用特殊的耕作方法改变田间的微地形条件(如减缓坡度、平整田面等)以提高雨水的就地入渗能力和拦蓄雨水的能力的技术措施,包括梯田、等高耕作、垄作区田以及坡地的鱼鳞坑、水平沟植树等。

一、梯 田

在坡耕地上沿等高线修成的田面水平、埂坎匀整的台阶式田块叫水平梯田,简称梯田。坡地改为梯田后,可大大减少径流速度,增加降水的入渗时间。梯田的地埂可以拦蓄土壤吸收不了的雨水,据测定每 667 平方米梯田可拦蓄地表径流

15～50 立方米,一次可拦蓄 100 毫米大小的暴雨径流。修整好的梯田使地面平整、连片、便于机耕管理和灌溉,也有助于改善土壤的水分与养分条件,一般比坡地增产 20% 以上。

(一)梯田的规划与设计

1.梯田类型的选择 梯田按其断面形式可分为:

(1)**水平梯田** 沿等高线把田面修成水平的阶梯农田,如图 2-6(a)所示,是最常见,也是保水、保土、增产效果最好的一种。

(2)**坡式梯田** 在坡上隔一定距离(20～30 米)沿等高线修筑田埂,埂内地表不加平整,仍保留原有坡度,利用田埂蓄水保土,也是坡耕地向水平梯田发展的一种过渡形式,如图 2-6(b)所示。

(3)**隔坡梯田** 水平梯田和自然坡地沿山坡相间分布,即上一阶梯田与下一阶梯田之间保留一定宽度的原山坡地,此坡地可作为下一级水平梯田的集水区。水平梯田上种作物,坡地上种草防蚀、集水、割草沤肥或饲养牲畜。水平梯田和坡地两带宽度比一般为 1:1～3(干旱地区取大值),如图 2-6(c)所示。

(4)**反坡梯田** 梯田田面坡向与山坡方向相反,修成外高内低,约有 3°～5°的反坡,如图 2-6(d)所示。这种梯田具有较强的蓄水、保水和保肥能力,但用工多。

(5)**复式埂坎梯田** 在黄土丘陵地区,为便于机械施工与耕作,增加梯田宽度,田坎也随之增高,但较高的田坎不仅修筑费用高且易滑塌,可以采用下陡上缓的复式田坎,下部切土部分为硬埂,上部填土部分为软埂,如图 2-7 所示。

(6)**削坡复式梯田** 即水平田面与削减原地面坡度的缓坡田面相结合的复式断面梯田,也称为"集流梯田",其田坎

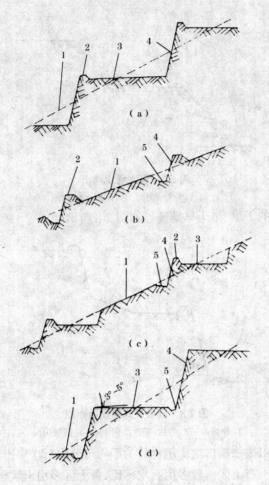

图2-6 各种梯田断面示意图

(a)水平梯田 (b)坡式梯田 (c)隔坡梯田 (d)反坡梯田

1.原坡面 2.田埂 3.田面 4.田坎 5.蓄水沟

低,工作量小,修筑速度快,抗旱能力强,增产显著,适宜于地

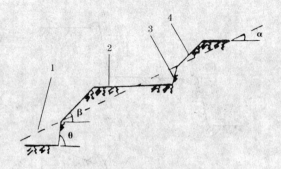

图 2-7　复式埂坎梯田

1. 原坡面　2. 田面　3. 硬埂　4. 软埂

多人少的干旱、半干旱地区。如图 2-8 所示。

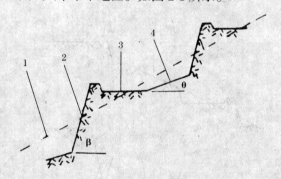

图 2-8　削坡复式梯田断面图

1. 原坡面　2. 田坎　3. 水平田面　4. 削坡田面

　　梯田按修筑田坎所用材料的不同可分为石坎梯田和土坎梯田。土石山区一般多用石坎梯田,黄土区多用土坎梯田。

　　梯田类型的选择,主要以地形、坡度而定,另外还需考虑土壤质地、雨量大小、水源状况、距村庄的距离、机耕难易程度等因素。按地形、坡度而论,丘陵地区一般在 7°~25° 的坡上可修水平梯田和隔坡梯田,7° 以下缓坡地可修坡式梯田,25°

以上陡坡地不宜修梯田。土石山区宜采用石坎或土石坎梯田,黄土区宜修土坎梯田。劳畜力充足地区宜一次整平修水平梯田,地多人少地区则宜修坡式梯田。雨量小的干旱半干旱地区宜修隔坡梯田和集流梯田。

2. 梯田规划原则

第一,因地制宜。要根据地形、土质等自然条件,一面坡、一架山、一个流域地进行全面规划,统一安排,以水土保持为基础,以土地资源的合理利用为目标。

第二,本着便利耕作和运输、占地少、无冲刷的要求布设梯田道路,作到田路相通。

第三,梯田规划应集中连片,便于土地平整、耕翻与机械作业。

第四,梯田应按梁、峁、弯、堰等不同地形沿等高线布设,尽量使田面宽度相差不大,尽可能利用原有地形和地埂,在地形弯曲的坡面可按"大弯就势,小弯取直"的原则适当调整。

3. 梯田设计 梯田设计主要指梯田断面的设计,包括确定梯田的田面宽度和田坎高度。一般原则是:耕作方便,田坎稳定,少占耕地。地面坡度越陡,田面宽度应越小,相应的田坎高度应越大,田坎坡度越缓。田面过窄,不便耕作,田坎蒸发面比例加大,不利增产;田面过宽,挖填量大,造成人力、物力、时间浪费,同时田坎过高不易稳定,田坎过缓,占地多。

(1)土坎水平梯田最优断面设计 最优断面指在能适应机耕和灌溉要求、保证田坎稳定前提下的最小断面,设计的关键是合理地确定田面宽度。黄土高原区梯田断面设计中,黄土丘陵沟壑区第一、二副区的坡耕地中25°左右的,梯田

· 35 ·

田面宽度一般宜取 5～10 米；第三、四副区坡耕地大部在
15°～20°之间，梯田田面宽度一般在 10 米以上；高塬区塬面
坡度较缓，田面宽度一般在 30 米以上。黄土高原不同类型
区在不同坡度下水平梯田的断面设计要素见表 2-6，表 2-7，
表 2-8。

表 2-6 黄土丘陵沟壑区第一、二副区梯田设计断面要素情况表

| 地面坡度 | 田面宽度 | 田坎高度 | 田坎坡度 | 田坎占地 | 土方量 | 需功量 |
(°)	(米)	(米)	(°)	(%)	(米³/公顷)	(米³·米/公顷)
5	17～22.6	1.5～2.0	80	1.53	1875～2505	21300～37650
10	11～13.7	2.0～2.5	75	4.88	2505～3120	18300～28500
15	8.8～10.4	2.5～3.0	70	9.44	3120～3750	18300～25950
20	7.4～8.5	3.0～3.5	65	16.0	3750～4380	18450～24750
25	6.4～7.0	3.5～4.0	60	24.0	4380～4995	18600～23250

表 2-7 黄土丘陵沟壑区第三、四副区梯田设计断面要素情况表

| 地面坡度 | 田面宽度 | 田坎高度 | 田坎坡度 | 田坎占地 | 土方量 | 需功量 |
(°)	(米)	(米)	(°)	(%)	(米³/公顷)	(米³·米/公顷)
5	20～30	1.3～2.7	80	2	2250～3375	30000～67500
10	15～20	2.8～3.5	78	4～3	3495～4380	34950～58350
15	12～15	3.4～4.3	76	7	4275～5370	33900～53700
20	10～12	4.1～4.9	74	11	5130～6120	34050～48900
25	8～10	4.5～5.6	70	17	5625～6990	30000～46650

表 2-8　黄土高原沟壑区缓坡梯田设计断面要素情况表

地面坡度 (°)	田面宽度 (米)	田坎高度 (米)	田坎坡度 (°)	田坎占地 (%)	土方量 (米³/公顷)	需功量 (米³·米/公顷)
1	50~60	0.5~0.6	80	0.2	630~750	20850~30000
2	40~50	0.8~1.0	80	0.4	1005~1245	26700~41700
3	30~40	0.9~1.2	80	0.5	1125~1500	22500~39900

(2)石坎水平梯田断面设计　石坎水平梯田断面设计,应根据坡面土层厚度和挖方应保留的耕作土层厚度,计算田面宽度及石坎高度。若土层厚度为 T,保留耕作土层厚度为 t,原坡度为 α,田面宽度 B 可按下式样计算:

$$B = 2(T-t)ctg\alpha \quad 或 \quad B = Hctg\alpha$$

石坎高 H 为:

$$H = 2(T-t)$$

石坎梯田要求田面水平,净宽不小于 4.5 米。石坎断面尺寸一般为:坎高 1~2.5 米,最高不超过 3 米。外坡比 1:0.2,内坡垂直。坎顶宽度为 0.3~0.4 米,并应高出田面 0.2~0.3 米。另外石坎梯田过沟应封沟打坝,使沟台地和梯田连成片。

(3)坡式梯田的设计　地埂高度及间距应以能全部拦蓄设计频率暴雨产生的地面径流为准。在黄土高原沟壑区的塬面,坡度多在 3°以下,地埂在塬面沿等高线修建,间距 20~30 米或 40~50 米;在丘陵沟壑区或土石山区,坡耕地坡度多在 15°~25°之间,一般地埂间距 15~20 米。沟埂的断面尺寸是:一般沟底到埂顶相对高度 1 米左右(挖填各 0.5 米),沟底宽与埂顶宽各 0.4~0.5 米,埂的外坡与沟的上沿坡一般 1:2 左右,埂的内坡与沟的下沿坡一般1:1左右。

(4)隔坡梯田的设计 隔坡梯田设计中一是确定水平田面的宽度,二是确定斜坡部分宽度。水平田面宽度一般应在5米以上。斜坡部分宽度要求一次最大暴雨中斜坡上的径流能被水平田面所完全拦蓄,同时,又要在一般降雨下斜坡上的径流能满足水平田面对"天然灌溉"的需要。因此,在干旱少雨地区,斜坡部分比例要大些,一般为水平田面的4~6倍;在雨量较丰地区,斜坡部分比例宜小些,一般为水平田面的2~3倍。表2-9列出了陕北黄土丘陵区隔坡梯田断面规格的参考值。

表2-9 陕北黄土丘陵区隔坡梯田断面规模的参考值

地面坡度 (°)	第一种情况				第二种情况			
	水平梯田面宽(米)	隔坡长度(米)	平坡比	蓄水埂高度(米)	水平梯田面宽(米)	隔坡长度(米)	平坡比	蓄水埂高度(米)
5	18.0	54.0	1:3	0.30	18.0	27.0	1:1.5	0.30
10	12.0	36.0	1:3	0.30	12.0	13.5	1:1.5	0.30
15	8.5	25.5	1:3	0.30	8.5	12.8	1:1.5	0.30
20	6.5	16.3	1:2.5	0.30	6.5	6.5	1:1	0.30
25	5.0	12.5	1:2.5	0.30	5.0	5.0	1:1	0.30

(二)梯田施工

1.测坡定线 根据梯田规划,测出地面坡度,确定田面宽度,并进行定线。可采用水准仪或手水准进行。

2.梯田修筑 梯田的修筑工序主要有保留表土、修筑埂坎和修平田面三道工序。修筑方法有人力修筑和机械修筑两种方法,这里先介绍人力修筑梯田的方法。

(1)保留表土 为了保证新修梯田当年增产,要严格保留表土,采取"里切外垫,生土搬家,死土深翻,活土还原"的办法。

(2)修筑坎埂　田坎的质量好坏是梯田工程安全的关键,因此一要清查埂基,二要分层夯实。修筑时土壤含水量在15%~20%之间,每次铺土厚10厘米左右,夯实后的干容重不低于1.2~1.3吨/立方米。埂坎的外坡用铁锨拍实拍光。埂坎也可用椽子或木板夹夯实,较坚固耐久。

(3)修平田面　这是梯田施工的主要工序,因田面宽度和运土距离不同有两种不同的施工方法:① 田面坡度较陡、梯田田面较窄(10米以下)时,田坎基本顺等高线布设,没有远距离运土。② 田面宽度10米以上(缓坡梯田可达30米)时,需顺田坎方向远距离运土,修平田面时需用架子车。

由于田面的填方部分由虚土填成,修平以后经过一段时间还要发生沉陷,沉陷深度一般为填方厚度的10%左右。因而,需将田边填得比水平面高10~20厘米,形成宽1~2米的倒坡,预留沉陷量,等土体沉实后,才能保证田面水平。

3.石坎梯田的修筑方法

(1) 清理埂基　石埂地基要比地面低50厘米,修成平台或倒坡。如有条件应清到基岩上,使根基稳固,防止在浇水或犁耕时淘空根基。

(2) 备好石料　备料中要拣明石(摆在地面)与挖暗石(埋在土中)相结合。

(3) 确定埂坎尺寸　外坡一般取1:0.75,内坡接近垂直,埂顶宽1~2米,埂底宽2~4米。

(4) 分层砌坎　底石要大,里外交插;条石平放,片石斜插;圆砌品形,块石压槎;石缝交错,嵌石咬紧;小石填缝,大石压顶;填饱粘土,切忌沙壅。

(5) 平整田面　石坎砌好后,将田面的小石头拣放在石埂内侧,然后里切外垫取土,去高垫低,平整田面。

（6）田边修筑蓄水埂　田面平好以后,在石坎的顶端修筑30厘米高、50厘米宽的田边蓄水埂,以压稳石埂,防止砌石移动,并拦蓄雨水,利于灌水和保护地边完整。

（三）机修梯田的规划设计

机修梯田总体规划的原则、程序、方法和要求,与人力修梯田基本一致,所不同的是机修梯田必须保证施工机具能够进入耕作区内每一地块,并能较方便地进行施工和耕作,尽量避免远距离调运土方,提高机修工效。

1.地块规划　耕作区规划应在土地合理利用规划基础上进行。塬地和丘陵缓坡区一般以道路、渠道为骨架划分耕作区,丘陵陡坡按自然地形以一面坡、一个峁或一道渠划分。在地形条件允许时应尽量使耕作区的上沿和下沿基本顺等高线,使耕作区的梯田都基本能等高等宽布设,以减少修筑工程量。实际操作中应以等高为主,兼顾等宽,并力求将梯田修成比较规则的长条形。塬、阶等缓坡地区,梯田长度一般在300米以上,丘陵陡坡地区最好能达200米以上。

2.机修梯田的最优断面设计　最优断面指满足机械施工、机械耕作及灌溉要求的最小田宽和保证梯田稳定的最陡坎坡,以减少修筑工作量和埂坎占地。一般缓坡地田宽20～30米,陡坡地田宽10米左右即可满足机械施工和耕作要求,人工筑埂地坎安全坡度为60°～80°。表2-10是黄河中游地区不同坡度机修梯田田面宽度与地坎高度,可供参考。

表 2-10　黄河中游地区不同坡度机修梯田田宽与坎高

地面坡度 (°)	田面宽度 (米)	地坎高 (米)	土方量 (立方米/公顷)
3～5	20～30	1.05～2.28	1305～2850
5～10	15～20	1.13～3.70	1410～4620
10～15	12～28	2.22～5.34	2775～6675
15～20	10～15	2.89～6.58	3615～8220
20～25	8～12	3.36～7.65	4200～9570

二、鱼鳞坑

鱼鳞坑是陡坡地(45°以上)植树造林时拦蓄雨水的整地工程。一般一个鱼鳞坑可蓄水0.3立方米,常用在土石山区或支离破碎的沟坡上来拦截坡面径流。

鱼鳞坑整地是在坡面上自上而下地挖月牙形的坑,坑与坑呈品字形布设,远看其形状似鱼鳞。在坡度较陡的坡面上和支离破碎的沟坡上造林,宜采用这种整地方式。鱼鳞坑的布置是从山顶到山脚每隔一定距离成排地挖月牙形坑,每排坑均沿等高线挖,上下两个坑应交叉而又互相搭接,成品字形排列(图2-9)。等高线上鱼鳞坑间距1.5～3.5米,上下两排坑距为1.5米,月牙坑半径为0.4～0.5米,坑深为0.4～0.6米。挖坑取出的土,培在外沿筑成半圆埂,以增加蓄水量。埂中间高两边低,使多余的水从两边流入下一个鱼鳞坑。表土填入挖成的坑内,坑内植树,每坑一棵。一般每公顷挖掘鱼鳞坑2 250～3 000个。整地时间以在造林前半年至1年为好,如能在头年雨季之前整地,次年春季造林则效果更好。

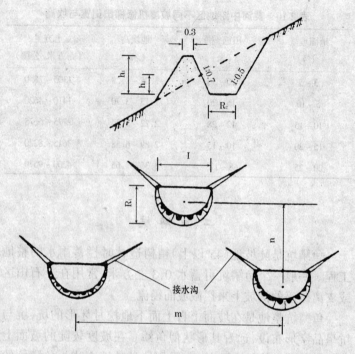

图 2-9　鱼鳞坑示意图

R₁:坑口宽　R₂:坑底宽　m:株距　I:坑直径　h₁:坑深

n:行距　h₂:最小挖深

三、隔坡水平沟

隔坡水平沟是将坡地修筑成沟坡相间的地形,它是在地形破碎、坡度较陡条件下较好的径流利用方式。据试验,隔坡水平沟法比传统坡地耕作水土流失减少 60%～80%,种植玉米产量增加 150%～200%。它比修建梯田省工,个体农户即可操作。

(一)隔坡水平沟修筑的操作步骤

第一,在坡地上按水平方向规划 4~6 米宽的水平带;

第二,沿每带底线水平挖沟。挖沟时将熟土层向上坡翻,下部生土挖出做沟边硬埂,挖深 40~50 厘米;

第三,沟挖好后,再深翻一锹,施入农家肥和化肥;

第四,最后将翻到上坡的熟土填回沟内。

修筑好的沟田净宽 1~1.2 米,埂高 40 厘米,埂顶宽 30 厘米,隔坡宽 3~5 米,沟坡比 1:3~5。

(二)利用方式

隔坡水平沟斜坡部分为产流区,水平沟田为聚流区。分段拦截坡面径流,形成高水肥沟田。利用方式有农作、林粮间作、林草间作三种。15°~20°坡地修筑的隔坡梯田可用于农作,沟内种植玉米、马铃薯等喜水肥作物;坡地种谷子、豆类等耐旱作物;地埂还可种植南瓜。20°~25°坡地适宜林粮、林草间作,沟内种植粮食作物,沟外栽植枣树等经济林木。25°以上陡坡林草间作,沟内种树,坡地退耕种草。

第四节 集水骨干工程技术

一、谷坊工程

谷坊是修建在沟道上游较陡处用于蓄水或拦沙的一种低坝(挡水建筑物),又称闸山沟、沙土坝等,其高度一般在 5 米以下。谷坊是一个重要的雨水集流设施,也是沟道治理的一项主要措施。

(一)谷坊的种类

根据所用建筑材料不同,谷坊大体可分为土谷坊、石谷坊

（干砌石）、枝梢谷坊、插柳谷坊、浆砌石谷坊、混凝土谷坊等。根据透水性质的不同，又可分为透水性谷坊和不透水性谷坊。根据谷坊使用寿命的长短，可分为永久性谷坊和临时性谷坊。

选择谷坊类型，需遵循就地取材、因地制宜的原则，除考虑集雨需要外，还应考虑沟道侵蚀强度和施工劳力、技术、经济条件等以及沟底利用的远景目标。

（二）谷坊的高度与谷坊间距的确定

谷坊的高度与谷坊的间距是两个互相制约的因素。在相同沟道坡度下，谷坊愈高其间距也就愈大。实际工作中，一般是先根据选定的谷坊类型，初步确定谷坊高度，而后再确定谷坊的间距。

1. 谷坊高度的确定 谷坊的高度应根据选定的类型及建筑材料来确定，以在承受水压力、泥沙压力下而不被破坏为原则，具体尺寸可参考表 2-11。

表 2-11 常用谷坊的规格

类 型	断　面			
	高(米)	顶宽(米)	迎水坡坡比	背水坡坡比
土谷坊	0.5~3.0	1.0~1.5	1:1.5	1:1
干砌石谷坊	1~2.5	1.0~1.2	1:0.5~1.1	1:0.5
浆砌石谷坊	2~4	1.0~1.5	1:0.5~1.1	1:0.3

2. 谷坊间距的确定 谷坊的间距与谷坊高度及淤积泥沙表面的临界不冲坡度有关。有关资料表明，谷坊淤满之后，其淤积泥沙的表面不可能绝对水平，而是具有一定的坡度，此坡度叫稳定坡度。目前常采用以下几种方法来估算谷坊的淤土表面稳定坡度 I_0 的数值。

第一，根据坝后淤积土的土质来决定淤积物表面的稳定坡度:沙土为 0.005;粘壤土为 0.008;粘土为 0.01;粗沙兼有卵石子的为 0.02。

第二,根据瓦伦丁(Valentine)公式计算淤积物表面的稳定坡度,其公式为:

$$I_0 = 0.093d/H$$

式中:d 为沙砾的平均粒径(毫米);H 为平均水深(米)。

瓦伦丁公式适用于粒径较大的非粘性土壤。

第三,认为稳定坡度等于沟道原有坡度的一半。该方法在日本得到广泛应用。

第四,实验性谷坊。可于谷坊淤满后实测淤积物的稳定坡度。

根据谷坊高度 H,沟底天然坡度 I 以及谷坊淤土表面稳定坡度 I_0,可按下式计算谷坊间距 L:

$$L = H/(I - I_0)$$

(三)谷坊位置的选定

第一,谷口狭窄,即两岸基岩外露或相距不远。

第二,沟床基岩最好外露。

第三,上游有宽阔平坦的贮沙的地方。

第四,在有支流汇入的情况下,谷坊应修建在汇集点的下游。

第五,谷坊不应修建在天然跌水附近的上下游,但可修建在有崩塌危险的山脚下。

(四)几种谷坊的修建方法

1.土谷坊　土谷坊是用土料建成的小土坝,可分为均质土坝、粘土心墙坝、混凝土心墙坝等类型。其施工程序及有关技术问题如下:

(1)清基　把谷坊坝基处的虚土、草皮、树根以及含腐殖质的土壤清除掉,使坚实的土层或基岩露出,然后再沿谷坊轴线挖一结合沟,以便于坝体与基础紧密结合。

(2)填土 清基之后,将底部坚实的土挖虚约 5 厘米厚,然后分层填土夯实。国内的经验是:填土 0.3 米,夯实到 0.2 米,然后将夯实面耙虚 1~2 厘米,土干时可适当洒些水,然后填第二层土。土料湿度以含水率为 14%~17% 为宜。

(3)设溢洪道 土坝不允许洪水漫顶,应设置溢洪道。溢洪道开挖在沟岸坚实的土层上。若两岸土质松软,溢洪道内的水深在 0.2 米以内,则可种植草皮防止冲刷;水深超过此限度,则砌筑浆砌块石溢洪道。

(4)土坝的断面尺寸 土坝断面尺寸合适与否,与土坝能否发挥作用及修筑费用关系密切。表 2-12 所列土坝断面尺寸均系最小值,使用中不可再减小。

表 2-12 土坝断面尺寸表

坝高 (米)	迎水坡 坡比	背水坡 坡比	坝顶宽 (米)	坝底宽 (米)	每米坝身 土方量 (立方米)	心 墙			
						上宽 (米)	下宽 (米)	底宽 (米)	高度 (米)
1.5	1:1	1:1	1.0	4.0	3.8				
2.0	1:1.5	1:1	1.0	6.0	7.0	0.8	1.0	0.6	1.5
3.0	1:1.5	1:1.5	1.5	10.5	18.0	0.8	1.0	0.6	2.5
4.0	1:2	1:1.5	2.0	16.0	36.0	0.8	1.5	0.7	3.5
5.0	1:2	1:2	3.0	25.5	71.3	0.8	2.0	0.9	4.5

注:此表为经验数据

2.石谷坊 石谷坊就是用石料筑成的石坝。石料充足的地方以及水流冲刷力大的地方宜修建石谷坊。常用的形式有阶梯式、拱坝式及梯形式三种。

(1)阶梯式石谷坊 采用较方正的大石块砌筑而成,外坡比 1:1,内坡比 1:0.2。外坡呈阶梯状,可起消能作用,减少下游冲刷。砌筑外坡时,应自下而上逐层内缩,必须将下一级的石块内端压在上一级石块之下,压入部分至少占石料全长的 1/3。这种干砌石谷坊施工比较简便。

(2)拱坝式石谷坊 适宜在沟窄水急的地方修建。由于水流及泥沙的作用力系通过拱坝传递到两岸上,因此,两岸需有坚固的岩石或坚实的土层,否则不宜修建。拱坝式石谷坊的断面比重力式谷坊小,用料省,但谷坊顶部易受洪水破坏,修建中宜用较好的大石块砌顶或顶部过水部分改为浆砌。

(3)梯形式石谷坊 梯形式石谷坊断面较大,稳定性较高,但用料多。据湖南省的经验,梯形断面顶宽 0.8~1 米,外坡比 1:1.5~2,内坡比 1:0.5。

二、蓄水塘坝

蓄水塘坝(山塘或小水库)是人工修筑挡水建筑物拦截雨水径流或河流山溪径流所形成的人工湖泊,如河谷水库、各种形式的蓄水池、塘堰、地下水库等。蓄水塘坝常见的是拦河坝式水库。根据沟道集水工程规划,凡有泉水或长流水的地方均可布设塘坝等蓄水工程。本节只对蓄水塘坝作简要介绍,其具体设计和施工应依据水利工程理论方法和经验进行。

塘坝是修建在沟中库容 10 万立方米以下的小型蓄水坝。其投资少,花工少,收效快,群众可以自办。可以将多雨年或多雨季节的径流蓄存于当地,以解决人畜和旱季的农田灌溉用水。其建造技术与淤地坝、石谷坊相似。

在规划塘坝时应注意以下几点:

第一,塘坝应选在集水面积较大的洼地,以便能汇集较多的径流。

第二,不要在砂卵石等透水层处建塘。塘基的防渗处理方法:把塘底土壤翻松并分层压实,或用石料砌底。

第三,进行自流灌溉的塘坝,要修建输水设施。一般常采用放水卧管设计。

第四,塘坝的集雨面积过大时,要修筑溢洪道,防止洪水漫坝毁塘。塘库四周要种树,在集雨区内要加强水土保持工作。

三、引洪漫地

引洪漫地指利用暴雨中产生的坡洪、路洪、沟洪、河洪漫灌农田,改良土壤,增加农田作物产量的集水措施。引洪漫地能增水增肥,提高作物产量,压碱效果也极为显著,可改造荒滩成为良田,减少河流泥沙量,变水害为水利。

(一)坡洪、村洪、路洪的引用技术

引村庄、道路洪水一般规模较小,需要开渠、修挡、建涵、安管、引洪水进地。引山坡洪水,在山丘上部为林草地或荒坡,下面是农地的,需要在农地上开转山渠,拦截上部洪水,再通过引洪渠引到农地漫灌。转山渠的布置主要有"渠道带蛋"和"长藤结瓜"两种形式。前者是沿引洪渠每隔 50～100 米修筑一个涝池,将多余的洪水蓄在池内,天旱缺雨时,从池内取水灌溉。后者是在转山渠上部沟凹修谷坊、塘坝拦沙蓄水,提高引洪效果。

(二)沟洪、河洪的引用技术

引用沟洪、河洪,一般规模大,技术要求较高,需要修引水工程,并注意搞好地块布设和掌握淤漫技术。

1.引水口　根据沟河槽底深浅,可分别采取无坝引洪与有坝引洪两种形式。在浅缓河沟一般为无坝引洪。为了提高

引洪效果,可修筑临时性河卵石堆砌的导流堤或挡水埂引洪。

在深陡河沟修建引洪漫地工程,需要在河沟出山峪口或其稍上部位筑坝,用以抬高水位,坝端开渠引洪,漫灌川台地。工程布设一般实行一坝一渠或一坝两渠,以能有效引进常年洪水为原则。

2.引水渠系　沟河洪水一般具有来势猛、历时短、含泥沙量大、灌淤快的特点,引洪漫地必须采用:

(1)多渠　一般每隔 200 米左右开一渠口,最长不超过 500 米,这样在山洪暴发时很快把洪水分散引入田间。

(2)短渠线　一般干渠多在 1 000 米以内,一遇洪水立即引入田间,有利于控制历时短的暴洪。并且渠系不宜超过两级。

(3)大比降　因洪水泥沙含量大,为了避免渠道淤积,使泥沙尽量淤存于田间,所以渠道的比降要大,一般为 1:300,最大不大于 1:100,最小不小于 1:500。

(4)宽断面　一般干支渠断面的宽深比为 1.6~2.25 或宽深相等为宜,有利于加大流量。为了适应大小不同的洪水,保证渠道安全稳定,干渠可采用复式断面,小洪水走主槽,不发生摆动,挟沙能力大,大洪水时满槽,可通过较大流量,干渠小断面宽深比为 2.4,大断面宽深比为 18。

3.地块布设　引洪漫地的地块大小有两种情况:为了提高地力的地块较小,一般 0.27~0.7 公顷比较合适,最大不超过 2 公顷;为了压沙压碱的地块较大,一般 0.7~2 公顷,最大可达 7~13 公顷。

4.淤漫技术　引洪漫地要求灌淤均匀,必须平整好土地,并控制好水流的速度和主流的摆动。一般田面坡度要保留 1°~2°,以便灌淤均匀,田埂高度以 0.3~0.5 米为宜。灌淤的厚度常因引洪目的、灌区土壤、气候条件、灌溉制度以及作物种类和生长季节的不同而异。低产田培肥,淤漫厚度可小些,一般0.2~0.4米;压碱压沙时,淤泥的厚度要大些,一般1米左右。黄土高原北部土壤中沙粒含量大,淤积厚度可大些;而南部土壤粘重,淤积厚度要小些。麦田在播种前可以多灌,返青后至抽穗期,适当少灌。秋田播种前可以多灌,苗高10厘米以下时不灌,10厘米以上时少灌。一般淤厚占苗高的1/4~1/3。稻田插秧前大淤,生长期小淤,圆秆期停淤。高秆作物可适当厚淤,矮秆作物则宜浅淤,小苗一般不能淤灌。如每年漫一次,以淤厚10厘米左右为最好。

引漫方法宜采用依土调沙法。对土层薄、肥力差的沙性土宜将汛初几场含泥量大、养分多的洪水引进淤灌,而对粘性高、盐碱化的土地宜将汛末几场含沙多、养分少的洪水引进淤灌。淤漫之后的土地要适时翻耕,促进淤土熟化,并增施农肥,疏松土壤,提高团粒结构。

四、淤地坝

淤地坝指在沟壑中筑坝拦蓄沟洪,淤漫成地的工程措施。具有拦截泥沙、削减洪峰、抗旱增产、稳定沟坡、减轻沟蚀、聚集洪流的重大作用。

(一)坝系规划

在一条沟道中修一座地坝或小水库,经过多年拦洪淤积后,防洪能力下降,一遇大雨垮坝很多。经过多年实践,人们提出了"坝系"的概念,并提出了坝系规划的原则,即"因地制宜,全面规划,小多成群,大小结合,蓄种相间,轮蓄轮种,计划淤排",在修坝顺序上提出支毛沟由下到上,干沟由上到下或上下结合的方法。当前,淤地坝的坝系布设有多种形式:

1.骨干工程控制,水沙资源综合利用 其特点是:在沟道已建成若干座淤地坝的基础上,根据沟道情况,在适当位置,选择坝址条件较好的地方修建骨干坝,控制全流域洪水,保证在设计暴雨下坝系中其他坝地安全生产,发挥蓄、滞、渗、排的综合作用。

2.上坝下库,上坝蓄洪拦泥,下库存蓄清水 黄土高原水土流失严重,沟道兴修的小水库容易淤满,失去蓄水作用。在水库上游兴修一座蓄洪拦泥坝,汛期土坝拦蓄洪水,澄清后将清水放到下边水库中蓄存。

(二)坝库设计

淤地坝一般包括土坝、溢洪道、泄水洞,简称"三大件"(见图 2-10)。省去泄水洞或溢洪道之一或二者全省去的分别称为"两大件"淤地坝和"一大件"淤地坝。

1.设计洪水 1986 年水利部颁布的《水土保持治沟骨干工程暂行技术规范》规定,单坝控制面积 3 ~ 5 平方千米,总库容 50 万 ~ 100 万立方米的治沟骨干工程,按五级土坝设计,设计洪水 20 ~ 30 年一遇,校核洪水 200 ~ 300 年一遇,设计淤积年限 10 ~ 20 年;总库容 100 万 ~ 500 万立方米的,按四级土坝设计,设计洪水 30 ~ 50 年一遇,校核洪水 300 ~ 500 年一遇,设计淤积年限 20 ~ 30 年。

2.工程结构 群众能自行修建的小型淤地坝,其工程结构比较简单,一般由土坝与坝侧开挖的土质溢洪道组成。国家投资有正规设计的大型淤地坝一般采用土坝、溢洪道和泄水洞"三大件",溢洪道一般是浆砌块石衬砌,成本高,造价大。

3.建筑物设计 主要包括土坝、溢洪道、泄水洞和反滤体四部分。其要求是:

(1)土坝 在土坝设计中主要考虑坝高、顶宽和坝坡比三

图 2-10 淤地坝"三大件"示意图

个问题,其中最主要的是坝高。

坝高:确定坝高的基本要求是要有足够的库容以拦蓄洪水泥沙。一般从"坝高-库容"曲线上查得坝高。坝高 10～15 米的,加安全超高 1～1.5 米;大于 20 米的加安全超高 1.5～2 米。

坝顶宽:坝高 10～20 米的,顶宽 2～3 米;坝高 20～30 米的,顶宽 3～4 米;坝高 30～40 米的,顶宽 4～5 米。

坝坡比:淤地坝内坡比 1:1.25,外坡比 1:2。《水土保持治沟骨干工程暂行技术规范》对水坠坝和碾压坝的坝坡比作出了规定(表 2-13)。

(2)溢洪道 群众自行修建的淤地坝,其溢洪道一般在比较抗冲的红胶土或基岩上修建,不衬砌。而大型淤地坝其溢洪道由引洪渠、渐变段、溢流堰、陡坡段、消力池等五部分组成。各部分需用浆砌块石衬砌,造价较高,一般占坝库建筑物总造价的一半。因而,群众多采用不修溢洪道的作法,实行高坝大库容。

表 2-13　水坠坝、碾压坝坝坡比情况表

坝 型	土料或部位	坝　高(米)		
		10	20	30
水坠坝	砂壤土	1:2.00	1:2.25	1:2.50
	轻粉质壤土	1:2.25	1:2.50	1:2.75
	中粉质壤土	1:2.50	1:2.75	1:3.00
碾压坝	内坡	1:1.50	1:2.00	1:2.50
	外坡	1:1.25	1:1.50	1:2.00

(3)泄水洞　泄水洞的作用是排走长流水,使坝地便于耕作,或在坝库前期蓄水时,能放水灌溉或排泄部分洪水,保证坝系安全。泄水洞的设计,其涵洞断面一般为马蹄形或半圆拱形,直径不小于 1 米,纵比降一般为 1/1 000,用石料或钢筋混凝土筑造,对不修溢洪道的骨干坝应加大泄水洞。底坡为 1/100 ~ 1/200,按无压洞计算,洞内水深小于洞净高的 3/4,沿洞长每 10 ~ 15 米砌筑一道截水环。泄水洞的洞首进水工程一般采用卧管形式。

(4)反滤体　一般在无长流水的小支毛沟中修筑小坝可不设置反滤体。但大型淤地坝和治沟骨干工程,一般修在有长流水的沟道中,应设置反滤体以稳定坝坡。

(三)工程施工

1.碾压坝施工　小型土坝可人工施工,中型坝可采用履带式推土机或拖拉机碾压。机械碾压时,每层铺土厚度 30 ~ 40 厘米,机械碾压两遍,压实到 20 ~ 25 厘米,土料含水量控制在 15% 左右,干容重 1.55 吨/立方米。

2.水坠法筑坝 水坠法筑坝指抽水冲土修筑土坝的技术,和碾压坝相比,提高了工效,节省了劳力,降低了造价,并且坝体密度均匀,质量可靠,已在黄土高原区大量推广应用。

水坠坝的施工过程,主要是冲填坝体,需经过取土造泥、沉淀排水和固结压密三个阶段。其施工技术要点是:

(1)作好稳定计算 水坠坝采取泥浆冲填施工,坝体存在一个流态区,施工期最不稳定。除坝体整体稳定计算外,还要进行边埂拦泥稳定计算。首先初步拟定坝坡比和埂宽,然后根据土性指标进行稳定计算,确定合理的坝坡比和埂宽。施工过程中,还应根据坝体含水量、孔隙水压力和坝体变形等实测资料,进行施工控制验算,校核原设计计算结果,以便能及时改变施工技术和方法或调整边埂宽度,确保坝体的稳定。

(2)采取适当的边埂宽度和质量 轻、中粉质壤土的水坠坝,脱水固结较快,流态区较浅,只需要较窄(4~6米)的边埂就能维持坝体的稳定。填充后干容重应大于1.5吨/立方米。

(3)掌握好泥浆浓度 泥浆越稠越节省,对坝体质量有好处,但同时还应具有一定的流动性,保证冲填施工不受影响。泥浆浓度用泥浆土水体积比表示,轻壤土为1.9~2,轻、中粉质壤土为2.2~2.4,重粉质壤土为2.5~2.7。

(4)控制冲填速度 冲填速度太快,流态区深度大,容易发生"鼓肚"、裂缝甚至滑坡;冲填速度过慢,往往汛期达不到拦洪坝高,而易于造成被动。施工期的日平均冲填速率:砂壤土0.25~0.3米,轻粉质壤土0.2~0.25米,中粉质壤土0.15~0.2米,重粉质壤土0.1~0.15米。

(5)做好排水工作 排水方法有:泥面蒸发脱水、垫干土吸水、利用坝基透水层排水和人工排水(包括坝面雨水和坝内自由水)。排除坝内自由水的措施有砂沟、沙井和褥垫等。

(6)经常进行观测　主要观测坝面裂缝、坝体沉降和水平位移,发现问题及时调整施工方案。轻、中粉质壤土水坠坝的日位移量,汛前不大于 15 毫米,汛期不大于 10 毫米;重粉质壤土水坠坝日位移量,汛前不大于 10 毫米,汛期不大于 5 毫米。若水平位移超过标准,应立即采取减缓冲速,甚至暂时停止冲填的措施,必要时可采取贴坡补强(加宽边埂)等办法,以确保安全施工。

(四)管理养护

1.平时管理养护

第一,对坝面外坡进行植被覆盖防护,坝肩两侧山坡修排水沟,防止雨水冲刷坝坡。

第二,在建筑物及其附近 30 米内严禁挖土取石。

第三,每年汛前汛后、解冻以后和大雨过后,对土坝、溢洪道、泄水洞进行全面检查。

第四,坝地淤成后,及时开挖排洪渠,修建田间道路。

第五,当骨干坝的拦泥库容接近淤满时,及时加高或另选址修坝。

2.汛期防洪抢险

第一,当土坝坝体与泄水洞接缝处产生裂缝以致形成陷洞或坝体穿洞时,用麻袋装土堆成围堰,使穿洞处不再进水,同时用麦秸柳条、秸秆加土快速填堵。

第二,如溢洪道高边坡上部出现塌方,堵塞泄水通路时,在塌方土体上开挖一条窄道,用洪水将塌土冲走。

第三,当洪水急剧上升,有漫溢坝顶危险时,一面迅速用麻袋装土做成围埝,加高坝顶,同时在岸边土坡上开挖临时溢洪道,排泄洪水保坝。

第三章 节水灌溉工程技术

第一节 节水灌溉工程现状及其发展方向

节水灌溉工程技术是指为减少农业灌溉用水在输送过程中和田间灌水过程中的蒸发、渗漏损失而采取的各种工程措施。输水过程节水措施主要有渠道防渗和管道输水等。田间灌水节水工程技术主要有管道灌溉、改进地面灌、喷灌、微灌等。我国从20世纪五六十年代起开始节水灌溉工程技术的试验、研究和推广，经过多年的实践和探索，在节水灌溉技术的研究、节水灌溉设备的开发和生产、节水灌溉工程的示范推广、节水灌溉技术服务体系的建立等方面做了大量工作，积累了一定的经验，初步形成了具有中国特色、适合国情的节水灌溉模式和技术推广服务体系。到1998年底，全国节水灌溉工程面积已达到1 533万公顷，其中：喷灌、滴灌和微喷灌面积146.7万公顷，管道输水灌溉面积520万公顷，防渗渠道工程55万千米，渠道防渗灌溉面积866.7万公顷。

工程节水的潜力巨大，最大的环节是输水过程节水。从水源到形成作物产量，一般需经过输水配水、土壤储水、作物消耗三个环节，整个过程中水的无效损失主要包括输水过程中的渗漏和蒸发、土壤蒸发、深层渗漏以及作物的奢侈蒸腾。目前我国渠系水利用系数约为0.5左右，灌溉水利用系数在0.4左右，也就是说，在灌溉用水损失总量中，有80%是发生在输水过程中，田间水损失在20%左右。我国农业年用水量

3 900亿立方米,损失水量每年约为1 800亿立方米,扣除可以重复利用部分,年损失水量约为500亿~900亿立方米。据分析,如果通过各种节水措施将灌溉水利用系数提高到0.6,约可节水700亿立方米;提高到0.7,约可节水1 000亿立方米,节水潜力巨大。

渠道防渗是减少输水损失的主要措施。目前我国只有不足20%的渠道进行了防渗处理,待处理的工程量很大。管道输水是减少输水损失的另一种途径,是输水方式的发展趋势。田间灌水技术中,地面灌溉仍是我国灌溉的主体,占灌溉面积的98%;低压管道输水灌溉,投资少、方法简便,已被成功地推广应用,在今后相当长的一段时期内仍将占较大的比例;喷灌具有显著的节水、增产效果,适合于机械化作业;滴灌、微灌属局部灌溉、精细灌溉,适用于水果、蔬菜、花卉等经济作物。从某种意义上讲喷灌、滴灌代表着灌溉方式的发展方向。

第二节 输水系统节水技术

目前采用较多的输水工程节水技术主要包括渠道防渗和管道输水两种。结合虹吸管、地面闸管等配水方式,有效地控制了输配水过程的损失,节省了灌溉水资源。

一、渠道防渗

渠道防渗技术是指为减少输水渠道渠床的透水性,在渠床建立不易透水的防护层的一种技术措施,是控制输水过程中水量渗漏损失的一种有效途径。

我国现有各种渠道300万千米,已建渠道防渗工程55万千米,占渠道总长的18%。渠系水利用系数,北方大、中型灌区为 0.3～0.65,南方水稻灌区为 0.35～0.8。输水损失占到灌溉用水总损失量的 80% 以上。实践证明,采用防渗工程技术后,可使渠道渗漏损失减少 70%～90%,节水潜力很大。此外,渠道衬砌后,还可以提高输水效率、减少或防止水流对渠底、渠岸的冲刷,防止动物破坏和沿渠耕地的次生盐渍化,有助于控制杂草、减少维修费等。

(一)渠道防渗方法

根据所使用的防渗材料,渠道防渗可分为土料压实防渗、三合土料护面防渗、石料衬砌防渗、混凝土衬砌防渗、塑料薄膜防渗、沥青护面防渗、土工织物防渗以及化学生物防渗技术等。衬砌方法的选定,取决于渠道断面大小、气候条件、渠道地基等自然条件,同时受当地的社会、经济条件的影响,如材料、设备来源、管理维护水平等。

1.土料防渗　常用的土料防渗方法主要有:土料压实防渗(土壤就地夯实)和土料护面防渗。

(1)土料压实防渗　是对渠床表面的土壤,通过碾压,建立一层密实的土料防渗层。防渗层有厚、薄之分,厚夯实层衬砌是直接对渠床表面的土壤进行压实,成本高,通常只用于大型渠沟;薄夯实层衬砌则是利用粘土压实后,在渠道表面形成一个完全夯实的薄粘土层,压实厚度一般为 10～20 厘米,其中斗、农渠 5～10 厘米,干、支渠 15～20 厘米。这种方法造价低、施工简单。

在施工时,应先清除渠底和渠坡的杂草,运走渠道中原有的多孔土壤,再换以合适的土料,并严格掌握土料含水量。一般情况下,土质越轻,压实时的含水量越小。不同土壤压实时的适宜含水量如表 3-1 所示。为防止因渠道清淤和植被生长损坏防渗层,衬砌层之上通常覆盖粗质土或砾石进行防护。

表 3-1　土料防渗适宜的压实土壤含水量

土　质	低液限粘质土	中液限粘质土	高液限粘质土	黄　土
最佳含水量(%)	12～15	15～25	23～28	15～19

(2)土料护面防渗　是将三合土、水泥土和膨润土等防渗材料铺在渠床和渠坡的表面,压实后形成一个防渗层。三合土一般按石灰:粘土和砂 = 1:4～9,粘土重为土砂总重的 30%～60% 的比例拌和而成;水泥土中水泥和粘土的比例一般在 1:11 左右。三合土和水泥土的压实厚度一般为 10～20 厘米。膨润土外观上类似于一般粘土,遇水湿润后,可以膨胀 12～15 倍,从而将渗水的空隙堵上。常用的施工方法包括:薄膜衬砌法、土壤混合衬砌法和沉淀法。

土料护面防渗因其抗冻能力较差,不宜在严寒地区使用,多用于中小型渠道。施工时,通常先换掉渠基中的多孔土壤,压实后,在其表面增加由稳定性土壤或砾石组成的保护层。

2.石料衬砌防渗　石料衬砌是用块石、片石和卵石或砖等对渠道进行衬砌。砌筑方法可分为干砌和浆砌。适用于山丘区和石料采集方便的地区。

(1)干砌石　干砌石是直接将石料铺在整平的渠床上进行衬砌。开始主要起防冲作用,经使用一段时间,泥砂填满砌石间缝隙后,再经水中矿物盐类的硬化等作用,淤淀层形成稳固的防渗层,起到防渗作用。为加速该防渗层的形成,可用泥浆勾缝,也可在渠道使用初期,引混(水)挂淤。一般防渗层的厚度达到 15～30 厘米才能起到较好的防渗效果。干砌石法通常用于对防渗要求不高的小型渠道衬砌。

砌石衬砌施工时,从渠底到边坡花砌——即错缝砌筑。在干砌卵石时,长边在垂直砌面、宽侧面垂直水流方向,在渠底两边和渠道坡脚处,石块尽量大一些,增加其稳定性。

(2)浆砌石　石料坐浆或灌浆进行衬砌,不仅防渗效果好,而且防冲耐磨,坚固耐久,施工简便,造价较低,是我国山丘区普遍采用的一种防渗措施。衬砌用石料一般长40～50厘米,厚度不小于8～10厘米,表面平整。工程量小时,可采用护面式衬砌。在易滑坡的傍山渠段和石料较丰富的地区,常采用重力墙式衬砌,具有耐久、稳定和不易受冻害影响等优点。施工常采用坐浆和灌浆结合的方法,先清基洒水,铺沙浆,安放石块,用碎石填缝,最后灌注沙浆即可。

3.塑料薄膜衬砌防渗　是利用塑料薄膜或橡胶作为防渗材料的一种防渗衬砌方法,主要应用于大、中型永久性渠道的防渗。其优点是重量轻,运输方便,造价较低,施工简便,防渗效果明显,且抗腐蚀、防冻胀;缺点是易老化和被人畜或杂草破损。目前我国使用的塑料薄膜材料以聚乙烯为主,薄膜厚度一般为0.18～0.22毫米,颜色多为黑色、棕色等。塑料薄膜衬砌,一般采用埋铺式,即在塑膜上设置保护层。防渗体铺膜范围有全铺式、半铺式和底铺式三种,后两种形式主要适用于梯形断面的宽浅式渠道。

施工时,应首先清除渠道地基上的树枝、土块和杂物,使其坚实、平坦、无植被;对岩石、砂砾石、土渠基,一般要在渠基上用灰土或泥土做成过渡层。为防止日后生长的树苗、杂草等穿透塑料衬砌层,在铺薄膜之前,渠道地基上通常要用除草剂灭草、消毒剂灭菌。其施工工序大致可分为基槽开挖整修、塑膜加工、塑膜铺设和土方回填压实等四个步骤。

4.混凝土衬砌防渗　是目前国内外广泛采用的一种渠道防渗形式。具有防渗效果好、水流速度高、占地少、清淤方便、运行维修费低、寿命长等优点。特别适宜于大、中型渠道的衬砌。混凝土衬砌有现场浇筑和预制装配两种施工方式。现场浇筑式衬砌接缝少,造价较低;预制装配式施工受气候条件影响较小,可缩短衬砌工期,减少施工与引水的矛盾,局部破坏易于修补,但接缝较多。

(1)现场浇筑 即用混凝土在渠道上现场浇筑。现场浇筑的渠道一般为梯形断面,边坡系数与渠床土质、渠道大小和边坡稳定性等因素有关,对于水深小于 3 米的渠道,边坡系数可参考表 3-2 选用。

表 3-2 现浇混凝土边坡系数与土壤的关系

渠道土壤类型	边坡系数
沙砾、中等粘壤土、黄土	1.0 ~ 1.25
沙、密实砂壤土、轻壤土	1.25 ~ 1.5
松散沙土、砂壤土、冲积土	1.5 ~ 2.0

现场浇筑混凝土衬砌渠道对基础要求较高,土基要求夯实度达到 95% 以上,并预留 5 ~ 15 厘米,衬砌前铲除、整平。膨胀土基应换土夯实;湿陷性土基要用夯实、预浸或灌注泥浆等方法,进行预处理。

混凝土浇灌厚度南方为 5 ~ 10 厘米,北方为 10 ~ 15 厘米,混凝土标号为 100 ~ 200 号。在板块之间设置横向和纵向伸缩缝,用沥青混合物或沙浆油膏等材料填缝。在地基沉陷不均匀、地下水位较高的渠段以及寒冷地区,除要设置伸缩沉陷缝外,还应设置排水垫层或开挖排水暗沟。

施工中常采用滑模法、拼模法和喷浆法等。滑模浇筑法利用滑模,在拖拉机或卷扬机的牵引下沿地基向前滑动,通过专门设计的机器来完成浇筑,质量容易控制、工作效率高。拼模衬砌是将渠道按要求坡度整好、分段后,隔段支模浇筑。施工时一般先浇筑渠底,再将未结硬的混凝土向渠坡上刮平。喷浆法是用专用的机器设备,压缩空气喷射灰浆。衬砌层较薄,常用于旧混凝土和岩石的表面裂缝修复。施工时,严格控制混凝土的配合比。

(2)预制装配式 渠道断面多为矩形、U型等较为规则的形状,因而可以采用预制装配式进行衬砌。预制板的尺寸,可根据渠道大小和机械化施工的程度等条件确定。厚度一般为5~7厘米,长×宽分别为100厘米×80厘米或70厘米×50厘米。

施工时应自下而上铺设,每块板之间预留1~3厘米的缝,用沙浆填平。为保证预制板整体稳定,在铺设断面的坡脚与坡顶应设置混凝土固定齿槽。并常在平行水流方向每隔15~20米设置一道混凝土隔墙,防止局部破坏的扩大。

在排水条件差、易受严重冻胀危害的地区和硫酸盐浓度高的地区,混凝土衬砌渠道,须进行专门设计和采取特殊的保护措施。

5.沥青衬砌防渗 可以采用沥青混凝土、沥青片、沥青板或沥青膜等形式。沥青混凝土可以按沥青6.3%,矿渣填料9.5%,沙51.2%,骨料(砾石)33%的比例组成,施工中可采用热拌、冷拌和沥青预制件衬砌等方法。中小型渠道铺设厚度4~5厘米,大型渠道铺设厚度8~10厘米。当渠道边坡或底宽大于6米时,中间应设一条梯形或"Y"型纵缝,填缝料为沥青沙浆或聚氯乙烯胶泥。在寒冷地区,还要在沿渠长方向每5~6米设一条横向伸缩缝。沥青预制件材料组成与沥青混凝土一样,板块尺寸一般为50厘米×50厘米,50厘米×100厘米,板厚4~6厘米。预制沥青板一般横向铺砌,如果采用搭接,则按顺流铺砌,以避免水流在接缝处产生应力。为减少运输成本,小型渠道通常预制成沥青膜(沥青油毡、沥青刷面的黄麻、带沥青涂层的石棉纤维、由沥青浸透过的玻璃纤维,或其他沥青浸透的有机材料和带有沥青涂层的有机材料等)进行衬砌,衬砌膜厚度为3厘米左右。

另外沥青衬砌也可以采用喷射方法,先将沥青喷于渠道断面上,再覆以15~20厘米的覆土层。如果施工得当,喷射衬砌的渠道也可运行10年左右。

6.化学生物防渗　是利用胶体溶液渗入土壤内改变土层的渗透性能,形成不易透水的防渗层的防渗方法。目前采用的有化学密封剂法、食盐处理法、生物化学法和沙化法等,每种材料都有一定的优势和局限性。通常化学密封剂法用于周边长年湿润的土渠(砂土除外),但寿命短、成本高,对动物、作物有毒害性。食盐处理法适应于碳酸盐含量低的粘性土壤,防渗寿命一般在3~5年。生物化学法适用于粘土、重粘土和酸性土壤。

7.其他方法　近年来,聚氯乙烯复合土工膜、聚乙烯和聚氯乙烯土工膜等土工合成材料也被用做防渗材料。在难以获得其他衬砌材料的偏僻地区,也有使用预制金属衬砌的。随着科技的发展,纳米技术也已被运用到渠道防渗中,并且效果显著。

(二)防渗效果及适用条件

选择渠道防渗材料时,应考虑以下因素:防渗效果好,减少渗漏值一般应达50%~80%;因地制宜,就地取材,施工简便,造价较低廉;寿命长,具有足够的强度和耐久性;能提高渠道的输水能力和抗冲能力,减少渠道的断面尺寸;便于管理养护,维修费用低。

不同防渗材料的防渗效果及适用条件,归纳见表3-3。

表 3-3　不同防渗材料的防渗效果及适用条件

类型	主要原料	特点	防渗效果	适用地区	施工方式	使用年限
土料类	素土、石灰、砂、石等	能就地取材,造价低,施工简便,但抗冻性、耐久性差,需劳力多,质量不易保证	0.07~0.17	适用于气候温和地区的中、小型渠道	素土、粘砂混合土、三合土、四合土、灰土等	5~25
水泥土类	壤土、砂壤土、水泥	能就地取材,造价较低,施工较易,但抗冻性差		适用于施工现场附近有壤土和砂壤土的温和地区	干硬性或塑性水泥土	
石料类	料石、块石、卵石、石板、水泥、石灰、砂等	抗冻、抗冲性能好,施工简易,耐久性强,但一般防渗能力较难保证,需要劳力多		适用于石料来源丰富、有抗冻、抗冲要求的渠道	浆砌料石、浆砌块石、浆砌卵石、浆砌石板及其干砌	
膜料类	膜料、土料、砂、石、水泥等	防渗能力强,质轻,运输方便。用土作保护层时造价低,但占地多,允许流速小		适用于中、小型低流速渠道。用于大型渠道时,要采用刚性保护层	土料保护层、刚性保护层	

· 64 ·

类 型	主要原料	特 点	防渗效果	适用地区	施工方式	使用年限
沥青类	沥青、砂、石、矿粉	防渗能力强,适应冻胀变形能力较好,造价与混凝土相近。但沥青来源有限		适用于有冻害且附近有沥青来源的渠道	现浇、预制	
混凝土类	砂、石、水泥速凝剂等	防渗抗冲性能好,耐久性强。但喷射法需专门设备,施工繁杂		适用于不同地形、气候和运用条件的大、中、小型渠道。喷射法多用于基岩及风化岩基的渠道	现浇、预制、喷射	

(三)防渗渠道的断面形式

防渗渠道的断面形式有多种多样,主要形式包括:梯形断面、U 形断面、矩形断面、弧形底梯形断面、弧形坡脚梯形断面、复合形断面、抛物线形断面、城门洞暗渠、箱形暗渠、正反拱形暗渠及圆形暗渠等十余种类型。常用渠道断面有 U 形、弧形渠底梯形、弧形坡脚梯形和矩形等。这些断面形式具有防渗效果好、水流条件佳、占地少、适应冻胀变形能力强、投资较少、寿命较长等优点。U 形渠道比梯形的混凝土渠道湿周短,水力性能好,流速高且分布均匀,不易淤积,输水损失小,抗外力性能和整体性能较好,裂缝少。通常,U 形适宜于小型渠道,弧形渠底梯形适用于中型渠道,弧形坡脚梯形适用于地下水位埋深较浅地区的大、中型渠道。

(四)特种土基渠道防渗技术

在湿陷性黄土、盐渍土、软弱土、膨胀土、冻胀土等渠床上进行防渗处理时,应先对渠床进行预处理,再根据当地条件,选用适宜的防渗方法。必要时,再加上设排水设施。特种土基渠床土壤处理通常采用沙砾石或土料置换,即置换法。用沙砾料替换原有土基,压实系数应大于 0.93;用土料置换时,小型渠道压实系数大于 0.93,大、中型渠道应大于 0.95。对于湿陷性黄土渠基可采用浸水预沉法处理,直至连续 5 天,平均日下沉量小于 1~2 毫米即可。盐渍土渠基处理用化学方法处理,即在盐渍土中加入氧化钙、氢氧化钙、氯化钙、氯化钡等化学添加剂,使盐渍土转化为非盐渍土。该方法具有工程量小、造价低的优点,可广泛应用。软弱土渠基处理除置换法外,可用挤密压实法,即采用挤密沙桩、灰土柱或强力夯实;或采用固化法,即通过静压向土中注入或高压灌注粘土浆或水泥浆。膨胀土渠基的处理应根据膨胀土壤的化学性质,选择适宜的添加剂,采用化学添加剂,进行处理。冻胀土基则可通过各种措施,降低渠床基土的含水量,改善土壤水分状况。

二、管道输水

管道输水是利用管道代替明渠进行输水的一种方法。与渠道输水相比,采用管道输水基本上消除了渗漏损失和蒸发损失,输水过程中水利用系数可以提高到 0.95 以上,具有输水效率高、占地少、管理方便、节能、省工省时等优点。

(一)系统的组成

输水管道系统由水源、输水系统、给水装置、安全保护装置四大部分组成。

1.水源 可以利用井、泉、河、渠、沟、塘或水库作为水源，一般需要经过水泵和动力机加压，在有地形自然落差时，可充分利用地形高差自压输水。

2.输水系统 由一级、两级或多级管道和管件(三通、四通、弯头等)连接而成的输水管网。

3.给水装置 由地下输水管道通过竖管伸出地面，竖管上部装有给水装置，可以连接地面移动配水管道和多孔闸管系统。

4.安全保护装置 为了防止由于突然断电停机或其他事故产生的水锤，破坏管道系统，在管道系统首部或适当位置安装调压、减压、限压和进排气阀等安全保护装置。

(二)管网的布置

1.布置原则 管网系统的布置应因地制宜、合理布局，一般应遵循经济实用、管理方便，同时与其他水利设施及田、林、路、电系统相互协调的原则进行。布置时可按畦田规格，尽量做到双向分水，力求单位面积管长最短、管线平直，以达到低耗高效、降低投资。此外，田间末级地埋管道走向，通常要与作物种植方向平行。给水装置的分布要适应田间工程和现有生产责任制，以便运行管理。

2.管网布置形式 地下输水管道管网的布置形式与水源位置、地块形状控制范围、地形坡度和作物种植方向等因素有关。常见的布置形式有"一"、"T"、"L"、"H"形以及梳齿形、鱼骨形和环状管网等。

水源位于田块一侧时，常用"一"字形、"T"形和"L"形三种布置形式。流量60~100立方米/小时，控制面积10~20公顷，田块长宽比(L/b)≈1时，可采用梳齿形、鱼骨形或环状管网。当水源位于田块中心，流量40~60立方米/小时，控制面积 6.7～10 公顷,田块长宽比(L/b)<2 时,常用"H"形或环形管网;当 L/b>2 时,可采用长"一"字形布置。

(三)管材与管件

1.**管材** 输水管道通常分为低压管道和高压管道两类,常用的管材有塑料管、混凝土管。

(1)塑料管材 常用的塑料管有薄壁聚氯乙烯、双壁波纹聚氯乙烯等,工作压力 0.2～0.3 兆帕。具有重量轻、强度高、内壁光滑、输水性能好、耐腐蚀、施工安装方便等优点。

(2)混凝土预制管 利用水泥、沙、石等材料按一定配比由挤压式制管机压制而成。管壁厚 20～30 毫米,内径 150～300 毫米,每节长 100～200 厘米,工作压力 0.1 兆帕左右,多采用子母口或承插式连接。

(3)现浇混凝土管 由铺管机在现场浇筑成型的混凝土管。这种管材无接头,施工机械化程度高。管壁厚 25～40 毫米,管径 110～300 毫米,工作压力 0.1～0.15 兆帕。

2.**配套管件** 包括弯头、三通、四通、变径接头、堵头、进(出)水口和安全保护装置等。按材质分为塑料、钢、铸铁和混凝土等管件。目前国内不少塑料厂家生产的塑料管件可以统一标准。混凝土管件一般由制管厂家自己预制和相应的管材配套使用。一些非标准管材和较大直径管材所配套的管件,国内目前尚无定型产品,可用铸铁管或钢管加工而成。

(1)进水装置 管道系统的进水口与水泵出水口的连接有固定式和活动式两种形式。有泵房时,一般采用固定式连接。采用地下管道系统从池塘、渠道直接引水时,固定、活动式均可,但应在进水口增设沉沙池、拦污栅等设施,以防泥沙、杂物等进入管网,堵塞管道。

(2)出水装置 地埋管道系统的出水口形式有多种,造型各异,按止水形式一般可分为内力止水型、外力止水型和柱塞止水型。

内力止水型利用管道内水压力封闭止水,这种形式内水压力越大,止水效果越好,并兼有进、排气的功能。主要有浮球阀、浮塞阀和拍门阀等。一般由上、下阀体两部分组成。上阀体多为移动式,灌水时,利用上阀体的压杆把浮体下压而开启。

外力止水型借助外力封闭管口。常用的有螺杆压盖型、销杆压盖型、搭扣压盖型和弹簧销钉盖板型等。

柱塞止水型是由内、外径配合紧密的硬塑管柱塞套插而成。旋转或提升内管,使内、外管壁上的圆孔重合,即可出水。

(3)保护装置 为确保管道系统可靠运行和长期正常工作,管道系统必须安装保护装置。保护装置包括进气装置、排气装置、过压保护装置和调压装置等。

进、排气装置:为防止突然停泵时,管道系统中的水流倒流入井中致使管内产生负压,以及在运行中大量空气集聚于管道中产生水锤,破坏管道,应在管道系统首部或高处,安装必要的进、排气装置。常用的进、排气装置有球阀型、平板型和活塞式。

压力保护装置:当管道发生堵塞或未及时开启出水口时,使管道内水压力增大,会造成管道系统破坏。为了防止此类事故的发生,在管道系统中必须安装压力保护装置。常用的压力保护装置有水泵塔、调压井和集进气、排气和限压于一体的三用阀等。进、排气调压保护三用阀有浮球型(多用于室内)和弹簧式两种结构。

(四)施工技术

地埋输水管道的施工工序包括:测量放线、基槽开挖、管道管件安装和试水回填等。

1.测量放线 将规划布置图上的各级管线具体落实到地面上。在布管中心线上,每隔 30 ~ 50 米打一木桩,并在管线分叉、转弯、建筑物布设处和地形变化较大处加设木桩。然后沿中心线两侧撒灰确定基槽开挖线并用水准仪测量管中心线地面高程,确定开挖工程量。

2.基槽开挖 基槽开挖时,槽底要求平直、密实,如遇松软土壤,应超挖回填夯实。管道基槽开挖的断面形式有矩形、梯形和复式断面。当地形平坦、土壤密实时可采用矩形断面;土质松软、地下水位较高时,或基槽开挖深度较大时,可采用梯形或复式断面。为了方便施工,挖出的土堆放在基槽的一侧。

3.管道连接

(1)塑料管道连接 薄壁塑料管的连接一般是承插式连接法,要求插接长度达到管直径的 1 ~ 1.5 倍。三通、弯头等管件的连接也采用承插式连接。薄壁塑料管与管件的连接采用粘结密封。

双壁波纹塑料管的管材和管件,一般带有扩口,采用承插式连接法。安装时,先在每根管子的小口套上密封胶圈,再将套有胶圈的小口插入另一根管的钟形扩口即可。

(2)混凝土等刚性管的连接 刚性管的连接方法很多,对平接口和子母口管材可采用纱布沙浆包裹法和塑料油膏粘结法,对承插管可采用水泥沙浆填塞法。混凝土刚性管,单根管的长度短,连接接头多,施工难度大,为保证每个接头不渗不漏,必须严格按施工工序进行安装。

(3)出水口的安装 出水口多采用承插口或法兰,直接与地下管道的出水竖管连接。由于出水口是地下管道系统中裸露于地面上的建筑物,其与竖管的连接部位是工程的薄弱环节,容易遭受破坏。因此,竖管周围必须回填夯实,对连接部位用混凝土加固,并安设分水保护池进行保护。分水保护池的尺寸一般为长×宽×高为 50 厘米×50 厘米×40 厘米左右。

4.试水回填 地下管道系统全部安装完毕后,开机充水,保压 1~2 小时,检查管路中所有接头、管件有无渗水和漏水现象。若发现渗漏现象,修补无渗漏后,方可回填。

管沟回填一般采用夯实法或水浸法。夯实回填法是在管道充水后,先用松散细土填至管顶以上 15~20 厘米,分层回填、夯实,每层填土高度 20 厘米左右,直至略高出地面为止。在沙性土壤区也可采用水浸密实法,用碎土回填至沟槽深一半时,在基槽中每隔一定长度(10 米左右)打一土埂,然后分段放水浸实,待 1~2 天后,槽中填土较干硬后,按上述方法第二次回填,充水浸实至与地表相平或略高于地面。

(五)适宜范围

管道输水适用于大多数地区,投资是其主要限制因素。在供水量有限、必须控制输水损失的地区,应首选管道输水;在渗漏损失大、难以开挖和坡度较大等地区,管道输水也具有无可替代的优越性。

三、配水系统

(一)地面配水系统

地面配水系统一般包括农渠和田块内的毛渠、输水沟和灌水沟、畦以及相应的配水建筑物等。

在地面配水渠系中,可采用放水管或虹吸管直接从配水渠引水入畦、入沟,取代毛渠。虹吸管为一弯管,一端置于渠道之中,另一端置于渠道外的地面上,通过虹吸现象向浅沟、垄沟和畦田中配水。通过控制虹吸管出水口端孔口大小或改变水头的办法可以调节流量,准确地控制入畦、入沟流量,提高灌水效率。虹吸管可随意搬动,投入较低,便于管理。大型虹吸管可用以代替分水闸,便于渠道清淤。

虹吸管适合于从地势高的渠道中取水。在应用中,注意渠道外的地面必须低于渠道内的水位,同时水位波动不能太大。当渠道水位较低时,可使用放水管代替虹吸管向沟、畦供水灌溉。

(二)管道输水系统田间配水

1. 给水装置   给水装置是半固定式管道输水系统的重要组成部分,应用数量较多,其作用是向田间灌水沟或末级移动管道供水。目前常用的性能较好的给水装置有螺杆压盖型、楔面旋转压盖型、球阀型和梯田阀等。

2. 地面移动多孔闸管   地面移动多孔闸是沿管道一侧带有许多小型闸门的一种田间配水管道,一般多与固定的地下输水管道系统联合使用。管上所装闸门的间距可以与垄沟间距一致,并且闸门可以调节,用以控制进入垄沟的流量,水通过这些闸门可以流入浅沟、垄沟或畦田。通过闸管可以将水直接送入沟畦,也可用作间歇灌、长畦分段灌的专用设备。闸管长度一般为 20～30 米。放水口间距因沟畦规格而变化,放水口软管长 0.5～1 米。

多孔闸管也可以平行于作物行安装,向地块过长的中间配水。当引入长沟(畦)分段灌时,可取代灌水软管或平行于沟(畦)田的灌水沟,此时,闸管及出水软管还应适当加长。此外,多孔闸管还适用于向梯田、横坡等等高垄沟中配水。在坡度太大,无法通过明渠进行有效配水的坡地上,使用闸管灌水,其灌水的效果良好。

多孔闸管具有省水、拆装简单、搬运方便、闸阀操作灵活和接头密封性能好等优点。所用管材有双壁波纹 PVC 管、薄壁 PVC 硬管、涂塑软管和涂胶布管等。按闸门结构可分为蝶阀式、拉板式和金属夹式多孔闸管系统。

3.柔性闸管 柔性闸管有时也称作地面软管或平铺管,其配水主要用于半固定式管道输水系统和移动式管灌系统。在半固定式管道输水系统中,将软管一端与地下管道的出水口相连接(类同于多孔闸管系统),水从地下管流入地表软管,直至进入田间沟畦。该软管取代了田间毛渠,可提高灌水效率。常用的管材有聚乙烯软管、锦纶软管和涂塑软管等。

4.拉索式多孔管灌溉设备 拉索式灌溉设备是用一条多孔 PVC 塑料管道进行配水。在管道朝向灌水沟或畦的一侧,与垂直方向成 30° 角的地方,视沟(畦)规格开有出水孔口。管道里装有一个用拉索牵引的塞子,绳索的另一头缠绕在管道首部的滚筒上,通过转动滚筒就可牵拉塞子移动。灌水时,塞子依靠水压力在管道内从前向后缓慢移动,水从塞子上游潜水面以下的孔口内流出,进行灌溉。随着塞子逐渐向下游移动,出水孔口不断更换,被浇灌的水沟或畦块也随着改变。拉索式灌溉设备具有结构简单、投资和运行费较低、便于操作、便于实现自动化沟灌等优点。

第三节　地面节水灌溉工程技术

目前,地面灌溉是我国灌溉的主体,在今后相当长时期内仍将占主导地位。传统的地面灌溉主要有畦灌、沟灌和漫灌三种方式,由于管理粗放,技术落后,沟、畦规格不合理,灌溉定额大,田间水浪费相当严重。随着水资源紧缺状况的加剧,从 20 世纪 70 年代我国开始研究和应用节水地面灌水技术,包括应用先进的激光平地技术、改进沟畦规格和技术要素的地面灌水技术、采用低压管道输水灌溉(低压管灌)、膜上灌、间歇灌、涌泉灌、控制分根交替灌等地面节水灌溉技术。实践证明,地面节水灌水技术投资少,见效快,方法简便,有利于科学灌溉,提高田间水利用效率,节约灌溉用水。

一、改进地面灌水技术

改进的地面灌水技术是利用合理的沟、畦及格田规格,对地表灌溉水流进行控制的一种灌水方法,主要包括畦灌、沟灌和格田灌等。一般而言,畦灌法适用于密植作物,沟灌法适用于条播作物,格田灌适用于水稻等耐淹作物。

(一)畦 灌

1. 小畦灌 小畦灌是我国北方麦区一种行之有效的田间节水灌溉技术。小畦灌溉的特点是水流流程短,灌水均匀,有利于控制深层渗漏,减少灌水定额,提高田间水利用率,节水、增产效果明显。资料表明,当畦长 30 ~ 50 米,畦宽 2 ~ 3 米时,灌水定额一般可控制在 675 ~ 900 立方米/公顷之间,灌水均匀度达 80% 以上,比一般畦灌可节水 50% 以上,增产 10% ~ 15%。

小畦灌溉由于畦块面积小,可以做到小平大不平,对整个田块平整度要求不高,只要保证小畦块内平整就行了,这样既减少了大面积平地的土方工程量,又节约了平地用工量。

2. 长畦分段灌 长畦分段灌又称为长畦短灌,是我国北方一些渠、井灌区群众在长期的灌水实践中探索出的一种节水灌溉技术。即把长畦分成若干段,分别供水,进行灌溉。灌水定额一般为525立方米/公顷左右,田间水利用率可达80%以上,节水40%～60%;同时可缩短灌溉周期1/3以上,节省灌溉用工50%。

长畦分段灌溉可以达到小畦灌溉同样的节水效果,而且减少了田间渠道,节约了耕地,便于农业机械化。与传统畦灌方法相比,具有明显的节水、节能、灌水均匀、灌溉效率高、投资小、效益大等优点。

3.水平畦灌　水平畦灌是采用较大入畦流量,在短时间内供水给大块水平畦田的地面灌水方法。水经过进水口流入水平畦,在短时间内布满整个畦田,形成畦面水层,再缓慢入渗。由于水流在短时间内迅速布满整个畦田,灌水均匀,深层渗漏损失小,也不易产生地表径流。对入渗率较低的土壤,灌水均匀度可达90%以上。

水平畦灌畦田面积一般为2～6.7公顷,大的可达16公顷左右。水平畦灌对土地平整要求较高,一般要求地块内地面高差不超过12.4厘米。推广水平畦灌技术离不开现代化的土地平整技术。

4.坡式畦灌　坡式畦灌溉是有控制淹灌的一种形式。灌溉田块由平行的堤埂或畦埂分成畦条,每一畦条单独灌水。畦条应只有极小的横坡或完全没有横坡,而在沿灌溉水流方向上有一定的坡度。按照从水流上游至下游的顺序依次对各畦条进行灌水。入畦流量要使水流覆盖畦埂间整畦的宽度,但不能漫过畦埂;灌水时间等于或略小于土壤吸收净需水量所需时间。

坡式畦灌溉可用于除淹水种植作物以外的其他各种密植作物、果树等。一般坡式畦灌溉的坡度要控制在:草皮草约2%,其他作物0.5%。如果不存在降雨冲刷的危险,坡式畦灌溉也可用在土壤吸水速率中等以上的较陡的坡地。

(二)沟灌

1.水平沟灌 水平垄沟是由农业机械做成、没有坡度的小沟,灌溉水靠水在整个土壤中的侧向运动或毛管运动将水分配至垄沟间的区域,用于灌溉垄沟中或垄沟间种植的作物。水平沟灌溉法要求灌溉水引入迅速,但不能超过垄沟所能容纳得下的最大流量。整个垄沟中所灌入的水基本相同,这些水滞留于垄沟之中,直到被土壤全部吸收。

水平沟灌适宜于具有中等以下吸水速率但有较高持水量的土壤。水平垄沟要保证田间布置平坦或坡度均匀。

2.坡式沟灌 坡式垄沟为在灌水方向上具有连续且近于均匀坡度的小沟,灌溉水入沟后,浸透土壤,以侧向扩散的方式灌溉垄沟间的区域。作物种植行之间有一条或多条垄沟,垄沟大小和形状,视种植的作物、采用的农业机械、作物行距等情况而定。为使配水均匀和减少水的浪费,入沟的流量必须严加控制。

坡式沟灌可用于灌溉各种条播的中耕作物,如果树、大田作物和蔬菜作物。一般不用于砂土。对于可溶性盐分浓度很高的土壤,要防止有毒盐分在垄沟间土壤中的过量积累。

3.等高沟灌 与坡式沟灌相比,等高沟灌的垄沟近于水平,必要时可横穿坡式田块。为适应地面起伏,等高沟可呈弯曲状。田间配水渠或配水管道顺坡布置或稍偏于纵坡方向布置,以便向每条垄沟供水,坡度以足以输送灌溉水流为好。

等高沟灌适用于灌溉坡度不大于6%,中等质地至细质地土的深垄沟条播作物。一般情况下,土质越轻,坡度应越小。在轻质土壤上,由于存在垄沟决口的危险,坡度要小于4%;灌溉时,应注意防止垄沟溢水,造成冲刷。

4.浅沟灌 浅沟灌溉是对局部地表进行淹灌的一种方法。灌溉水并不覆盖整个田间,而是灌入横穿田间等间距布置的小沟或浅沟。浅沟中的流水浸透土壤,并以侧向扩散的方式灌溉浅沟之间的区域。浅沟间距的大小,应当确保直到所期望的水量入渗到土壤之中为止水都能够进行充分的横向扩散。

浅沟灌溉适宜于灌溉细质地至中等粗质地或易结皮土壤。多用于干旱地区和坡度在 1% ~ 8% 之间的平坦地块,通常横坡应当大大小于灌溉水流方向的坡度。

为节约用水,以上几种沟灌形式,在应用时,可以采用细流或隔沟进行灌溉。细流沟灌与一般沟灌的沟规格相同,所不同的是,在灌水时,每条沟引入的流量较小,一般为 0.1 ~ 0.5 升/秒,沟内水深不超过沟深的一半,沟内没有蓄水阶段,水在流动过程中全部渗入土壤。其优点是灌水均匀,节水保肥,不破坏土壤团粒结构。适用于地面坡度大、透水性中等的农田。隔沟灌也是沟灌的一种节水形式,灌水时一条沟灌水,邻沟不灌水,即隔沟灌水。该方法具有灌水量小的特点,灌水定额仅 225 ~ 300 立方米/公顷,可减轻灌后遇雨对作物的不利影响,适用于缺水地区或必须采用小定额灌溉的季节,如棉花的幼苗期等。

(三)格田灌

格田灌与水平畦灌相似,先用田埂将灌溉田块分成多个水平或近似水平的网格,但通常格田灌网格的长度与宽度相同,水平畦灌的网格的长度可以是宽度的数倍。灌水时,入畦流量应达到土壤平均入渗速率所需流量的 2 倍以上,使格田中保持均匀的水层,慢慢被土壤吸收。格田灌溉时,可以从格田两端或四周的任一地点甚至数个地点将水灌入;略有坡度的格田,灌溉水流应顺坡顶端灌入。

格田灌一般需要做精细的土地平整,田埂要求有足够的高度;在需要修梯田的陡坡段,要修筑跌水建筑物、衬砌渠道,或用管道输水,以便控制水量。

稻田应用格田灌时,可结合水稻控制灌溉技术,调节土壤的水、肥、气、热状况,促进水稻的生长,提高灌溉水的利用率。

(四)等高堤灌溉

等高堤灌是畦灌或格田灌的修正方法。由小的等高堤和横堤围成的田块,以比土壤吸水速率大得多的流量灌水,灌溉水迅速地在田块内漫开,并允许积存于该田块中,直至水入渗到所需的土壤深度。如果灌溉是为了控制稻田杂草,可在田间保持数周的水层。对于补充灌溉,多余的水量立刻排走。充分的地面排水设施,是该系统至关重要的一个组成部分。

等高堤灌特别适宜于水稻,也可用于灌溉棉花、玉米、大豆、小粒谷类作物、牧草和饲料作物,灌溉的作物要求有一定的耐淹性。

(五)地面灌灌水技术要素

为了改进沟、畦灌水技术质量,提高节水效果,不仅要选用适宜的节水灌溉方法,更重要的是应根据当地条件合理地确定灌水技术要素。灌水技术要素间的优化组合,是保证灌水质量的必要条件。然而,各灌水技术要素间相互影响,同时又受土壤特性、地面平整程度和作物种植情况等因素的影响。

地面灌溉一般不需加压,灌溉水为重力水,灌水技术要素一般受土壤特性、地面平整度和种植作物的种类等影响,在确定时应因地制宜,灵活调整。表3-4和表3-5给出了河南省引黄灌区多年试验的沟、畦灌各种灌水技术要素组合,可供参考。

表 3-4　沟灌灌水技术要素

土壤类别	地面坡度					
	1.0%~0.4%		0.4%~0.2%		<0.2%	
	沟长 (米)	入沟流量 (升/秒)	沟长 (米)	入沟流量 (升/秒)	沟长 (米)	入沟流量 (升/秒)
砂　土	60~80	0.6~0.9	40~60	0.7~1.0	30~40	1.0~1.5
壤　土	80~100	0.4~0.6	70~90	0.5~0.6	40~60	0.7~1.0
粘　土	90~100	0.2~0.4	80~100	0.4~0.6	50~80	0.5~0.6

表 3-5　畦灌灌水技术要素

土壤类别	地面坡度								
	<0.2%			0.2%~1.0%			1.0%~2.5%		
	畦长 (米)	畦宽 (米)	入畦流量 (升/秒·米)	畦长 (米)	畦宽 (米)	入畦流量 (升/秒·米)	畦长 (米)	畦宽 (米)	入畦流量 (升/秒·米)
砂土	30~50	3.0	5~6	50~70	3.0	5~6	70~80	3.0	3~4
壤土	50~70	3.0	5~6	70~80	3.0	4~5	80~100	3.0	3~4
粘土	70~80	3.0	4~5	80~100	3.0	3~4	100~130	3.0	

(六)平整土地

农田中常有一些不利灌溉的坑穴、废沟、废堤和个别面积较小的高地或低地,为满足灌水要求,一般需要对土地进行平整。

土地的平整应遵守保持地力、挖填土方量基本持平、运输距离短、工作量小等原则。平整时可结合耕作进行,也可结合修筑田间工程进行。对于高低不平的局部地形,可采用打埂划畦,在畦内进行平整;在修筑田埂和田间农、毛渠时,采用从高处取土,用挖排水沟的土来填平低地;对于一些浅丘区和地面起伏较大的地区,使用机械,大整大平。平整后的地面坡度应与所采用的灌水方法相适应。对旱作区,采用畦灌要求田面坡度应在 0.1% ~ 0.3%,田面起伏一般应小于 10 厘米;采用沟灌田面坡度应在 0.5% ~ 2%,田面起伏不应大于 20 厘米;对水稻区要求格田内基本水平。

二、低压管道输水灌溉(低压管灌)

低压管灌是以管道代替明渠通过一定的压力(0.2 兆帕以下),将灌溉水输送到田间,由分水设施通过软管或直接进入沟畦灌溉的一种工程形式。低压管灌与明渠输水灌溉相比,适应地形能力强,减少了输水损失,提高了灌溉水的利用率,同时输水速度快,供水及时,有利于适时、适量灌溉。

(一)系统的类型

低压管灌一般与地面灌水方法结合使用,可以是固定式、半固定式,也可以是移动式。固定式管道灌溉系统供水管道和配水管道均埋于地下,半固定式系统的供水管道采用地埋管道,地面用带快速联接头的金属管或柔性管进行配水。移动式系统全部采用金属管或柔性管,进行田间供水和配水。

(二)技术要点

低压管灌的主要技术参数是:灌溉设计保证率,通常要大于 75%;灌溉水利用系数大于 0.8,其中管系水利用系数不低于 0.95,田间水利用系数应高于 0.85,具体灌水定额可依照当地资料进行设计。

为保证以上技术指标,井灌区的低压管灌田间固定管道长度应大于 90 米/公顷。支管间距在单向布置时小于 75 米,双向布置时不大于 150 米;出水口间距小于 100 米,灌溉时最好用软管相连。

(三)管网布置与管材管件

低压管灌的管网布置形式、配套管件等与管道输水类似。低压管道的地埋管通常采用混凝土管、钢管、外包铝管、纤维管、石棉水泥管或塑料管等,并配备必要的安全保护装置。在寒冷地区应用时,还要布设排水、泄空及防冻设施。此外对规划中要进行喷灌的管道,应按相应的规范要求进行管网设计。

三、间歇灌

传统的地面灌溉方式是连续向沟(畦)供给一个大致稳定的流量,直到灌完一个沟(畦)为止。在水流沿沟(畦)推进过程中,水流是连续的,所以又称为连续灌溉。间歇灌是20世纪80年代初在美国首先研究成功的一项地面节水灌溉技术,把传统的一次放水改为周期性、间断地向沟(畦)供水。灌溉时,当水流入沟(畦)一定距离时,停止供水,将水改入另一沟(畦),待田面水层消退后,再开始供水。第二次供水推进长度为第一次供水的湿润长度加上新推进的一段长度,尔后再停止供水,等到田面水层再次消退后再供水,不断重复这种循环直到灌完全部沟(畦)为止。供水周期可以相对固定,也可以是变化的。

与传统的连续灌溉相比,间歇灌水采用周期性的供水方式,随供水和停水的周期性变化,表层土在湿润、落干的交替过程中,由于前次供水中表层土粒的迁移再分布、湿胀等作用,改变了表层土壤结构,形成了一个表土致密层,使土壤密度增加,孔隙率降低,渗吸速度下降;同时田面糙率由大变小,逐渐趋于稳定,水流推进速度加快、推进距离增大,提高了灌水效率和灌水均匀度。试验表明,灌溉水量相同时,间歇灌水流推进距离为连续沟灌的 1 ~ 3 倍,比连续沟灌节水 38%,省时一半左右;比连续畦灌节水 26%,省水 30% 左右。

（一）间歇灌的灌水设备

1.多孔闸管系统 多孔闸管除可用作管道输水系统的地面配水设备外,也可用于间歇灌水设备。灌水时,通过交替开关多孔闸管上的一组或两组阀门,就可完成间歇灌水过程。

2.间歇灌专用阀门 目前,常用的间歇灌专用阀门有囊状阀和机械阀两种,前者用水或空气驱动,后者用水或电力驱动的。

3.控制器 间歇灌控制器一般都具有自动开关和控制时间的能力,根据不同灌水条件设定不同的"开"、"关"时间。控制器多用电力驱动,也有用太阳能电池驱动的。

（二）间歇灌的技术要素

1.流量 间歇灌适宜的入沟(畦)流量可以通过同时供水的一组沟(畦)的数量来调节,流量的上限应使灌水沟(畦)首不发生冲刷,不漫顶。一般情况下,沟长大于 80 米时,入沟流量以 0.6 ~ 0.8 升/秒为宜,畦长小于 80 米时,单宽流量宜在 2 ~ 3 升/秒。

2.供水时间 供水时间可以根据已有试验资料来定,也可由连续沟(畦)灌所需时间来估算,其中每个周期供水时间,可以按连续沟灌时间(T)除以两倍的供水周期个数进行估算。假定间歇沟灌用 N 个周期推进到沟尾,间歇畦灌为 M 个周期,则每个周期供水时间分别为 0.5T/N,0.5T/M。在实际运作中,为了保证灌水均匀,提高灌水效率,每一灌水周期的供水时间可根据情况加以调整,以达到最佳灌水效果。

四、膜 上 灌

膜上灌是我国在地膜覆盖栽培的基础上发展起来的一种新的灌水方法。畦、沟全部被地膜覆盖,利用地膜输水,通过放苗孔和旁侧入渗供给作物用水,也可专设灌水孔,是畦灌、沟灌和局部灌水方法的结合,是一种可控的局部灌溉方法。施水面积占灌溉面积的 2%左右。灌水均匀度主要取决于地膜首尾的入渗时差和供水量,可以通过调整地膜首尾的开孔数或孔径大小,从而获得较高的均匀度。膜上灌有效地防止了深层渗漏损失,减少了棵间蒸发,因而节水效果非常明显。

膜上灌在节水的同时,增温、保温、保肥及抑制杂草生长的作用也很显著,增产效果明显。适用于棉花、玉米、小麦、瓜菜和果树等多种作物,是干旱缺水地区或季节性干旱地区行之有效的一种节水灌溉技术。符合我国的国情、民情,在新疆、甘肃、河南等地已开始推广。实践证明,膜上灌技术是具有投资少、节水、增产、见效快、效益高、简便易行等优点的田间节水灌溉技术。

(一)膜上灌灌水形式

1. 膜畦膜上灌 是畦田覆膜种植作物的一种节水灌溉方法。灌水时将水引入畦内,水在膜上流动并由放苗孔和膜缝渗入土中。按筑埂方法可分为培埂膜畦膜上灌和膜畦膜孔灌。

培埂膜畦膜上灌:利用带打埂器的铺膜机,铺膜的同时,在膜侧筑成 20 厘米高的土埂。膜畦长一般为 30~50 米,宽70~90 厘米,膜两侧各有 10 厘米左右宽的渗水带。这种膜上灌由于两侧有土埂,膜上水流不会溢出膜畦,膜两侧的渗水带可以补充供水不足的问题。入畦流量一般为 5 升/秒左右。

膜畦膜孔灌:是在培埂膜畦膜上灌的基础上改进的。由专门的铺膜机完成铺膜,将膜宽70厘米的农膜铺成梯形,两侧翘起5厘米埋入土埂中,畦长80~120米,宽40厘米左右。灌水时,水通过放苗孔和增设孔渗入土壤,入畦流量为1~2升/秒,灌水均匀度高,节水效果好。

2. 膜孔沟灌　先将土地整成沟垄相间的波浪形田面,再在沟底和沟两坡上铺膜,作物种在沟坡或垄背上。灌水时,水流通过放苗孔渗入土中,再通过毛细作用浸润作物根区。孔距、孔径因土质和作物灌水量而定。对轻壤土、壤土以孔径5毫米、孔距20厘米的单排孔为宜。入沟流量为1~1.5升/秒为宜。

3. 膜缝沟灌　是膜孔沟灌的一种改进形式。将膜铺在垄背(沟坡)上,在沟底两膜相会处预留2~4厘米的缝隙,水流通过放苗孔和缝隙渗入土中。膜孔沟灌和膜缝沟灌适合于瓜菜作物灌溉。

4. 细流膜上灌　是在普通地膜种植条件下,利用第一次灌水前追肥之机,用专门机械将作物行间的地膜划开一条膜缝并压一小沟,灌水时,将水放入小沟内进行灌溉,类似膜缝沟灌,但进沟流量很少,约为0.5升/秒,适合于1%以上的大坡度地区。

5. 格田膜上灌　是将土地平整成网格形式的田块,然后铺膜灌溉。田埂成三角形,高15~20厘米,每块格田可由零点几公顷到数公顷。格田膜上灌多用于稻田。

(二)膜上灌灌水技术要素

影响膜上灌的灌水要素主要有土壤类型、地形坡度、灌水强度、入膜流量、膜上流速、膜畦规格、灌水定额、灌水时间、畦首尾进水时差等。对粘土和壤土,当地面坡度在0.1%时,膜畦长度宜为20~25米。膜畦宽1米时,入畦流量1.5升/秒为宜;膜畦宽2米时,入畦流量2~3升/秒为宜。地面坡度为0.6%时,畦长60~80米,入畦流量1.5~2升/秒为宜。对于草甸土,地面坡度0.3%~0.4%时,畦长50米,入畦流量可达2升/秒。对沙壤土,地面坡度0.4%时,畦长可控制在50~100米,入畦流量为1.1~1.3升/秒。

五、控制分根交替灌

控制分根交替灌是人为保持根系活动层的土壤在水平或垂直剖面的某个区域干燥,使作物根系始终有一部分生长在干燥或较为干燥的土壤区域中,限制该部分根系吸水;作物需水主要靠处于湿润区的根系吸水,减少棵间蒸发和总的灌溉用水量,同时有利于促进根系补偿性生长,提高作物对水、肥的利用率。

控制分根交替灌溉主要有隔沟交替灌溉、田间移动控制性交替滴灌及自动控制滴灌和控制性隔管渗灌等形式。主要用于宽行种植的大田作物及果树;对密植的大田作物,可采用大、小水量交替灌溉,实现垂直剖面上的交替灌溉。

第四节 喷灌工程技术

喷灌是把由水泵加压或自然落差形成的有压水,通过压力管道送到田间,再经喷头喷射到空中,形成细小水滴,模拟天然降雨,把灌溉水均匀地洒落到农田,满足作物生长需水的一种灌水技术。

一、喷灌技术特点

　　喷灌是一种先进的节水灌溉方式,对地形、土壤等条件适应性强,不要求平整土地,特别适宜于地形复杂、土壤透水性强、用常规地面灌溉有困难的山坡地。与传统的地面灌相比,喷灌灌水均匀,可节水 20%~30%,增产 10%~20%;具有省力、节约用地、适应性强等优点,适用于除水稻外的所有大田作物以及蔬菜、果树等。此外,喷灌还具有调节农田小气候、防止干热风和霜冻对作物伤害的作用。喷灌的最大优点是使农田灌溉从传统的人工作业变成半机械化、机械化,甚至自动化作业,加快了农业现代化的进程。

　　喷灌受风的影响较大,在多风的情况下,会出现喷洒不匀、蒸发损失增大等问题。在炎热多风地区和渗水率较小的土地喷灌效果不够理想。另外,用高矿化度的水进行喷灌时,可能影响果实的品质,同时也易被作物的叶片吸收而引起伤害。为防止采用喷灌击落果树花和幼果,目前果树更多采用微灌技术。

二、喷灌的主要技术要素

　　喷灌的技术要求包括喷灌设计保证率、设计灌水周期和灌水定额、喷洒水利用系数、喷灌均匀度、喷头组合间距、设计喷灌强度、雾化指标、设计日工作时数、喷头的工作压力、喷灌分区等十余项技术指标。其中,喷灌强度、雾化指标、喷灌均匀度是最主要的三个指标。

(一)喷灌强度

　　单位时间内喷洒在田间的水深称为喷灌强度(毫米/小时)。喷灌强度必须与土壤的入渗速度相适应,保证喷洒水能及时渗入土壤中。若喷灌强度过大,将会在田间产生积水或径流;过小,不仅达到设计灌水定额所需的时间加长,同时灌溉水的漂移损失等增大,降低了灌溉水的利用率。影响喷灌强度的主要因素有单喷头的喷灌强度、喷头的组合间距等。

喷灌强度的确定,主要取决于喷灌的土壤类型、地形坡度和植被。不同土壤的允许喷灌强度及不同坡度的喷灌强度的降低率如表3-6,表3-7所示。在作物覆盖良好时,喷灌强度可在两表所列数据的基础上提高20%。

表3-6 不同土壤的允许喷灌强度

土壤类型	允许喷灌强度(毫米/小时)
砂 土	20
砂壤土	15
壤 土	12
壤粘土	10
粘 土	8

表3-7 不同坡度下喷灌强度的降低率

地面坡度(%)	允许喷灌强度降低率(%)
5～8	2.0
9～12	4.0
13～20	6.0
>20	7.5

一般情况下,设计喷灌强度不能大于土壤的稳定入渗速度。但对于行喷式喷灌系统,其喷灌强度可略大于土壤的入

渗速度,即在喷洒过程中,可以在田间出现短时间内来不及入渗的小水洼,但不能产生地面径流。

(二)雾化指标

雾化指标系指喷头工作压力与主喷嘴直径之比,又称打击强度。用以确定单位受水面积内水滴对作物或土壤的打击动能,主要与喷洒水滴大小、降落速度和密度相关。由于打击强度难以定量,一般用雾化指标表示。对同一喷嘴而言,打击强度越小,说明喷头的雾化指标越高。

雾化指标必须满足作物或土壤的要求,雾化指标太低,意味着打击强度过大,会损伤作物或破坏土壤团粒结构,造成作物减产。不同作物适宜的雾化指标如下:蔬菜及花卉 ≥ 4 000;大田作物或果树 ≥3 000;草地及园林绿化 ≥2 000。

(三)喷灌均匀度

喷灌均匀度是指喷洒水在田间分布均匀程度,是衡量喷灌质量好坏的一项主要指标,通常用均匀系数(克里斯琴森系数)表示,计算式为:

$$C_u = (1 - \frac{\triangle h}{\overline{h}}) \times 100\%$$

式中:C_u——喷灌均匀度;

$\overline{h}$——各测点喷洒水深的平均值(毫米);

$\triangle h$——各测点喷洒水深的平均差(毫米)。

喷灌均匀度与喷头结构、工作压力、喷头的布置形式、喷头的组合间距、喷头的转速均匀性、竖管的倾斜度、地面坡度及风速风向等因素有关。《喷灌工程技术规范》(GBJ85 – 85)规定,在设计风速下,喷灌均匀度不应低于75%。对行喷式喷灌系统,其均匀度应达到85%以上。

三、喷灌类型

(一)系统组成

根据喷灌系统的工作要件,喷灌系统可分为水源、机泵、管道系统及田间喷灌设备四大部分。

1. 水源　喷灌对水源没有特殊要求,河流、渠道、库塘及井泉等都可作为喷灌水源。但应注意用含泥沙量大的水源喷灌时,水中的泥沙会附着在作物的叶子或果实上,影响作物的光合作用和果品品质;用溶解盐含量高的水喷灌时,对盐分敏感作物易造成伤害。可通过降低支管高度,加大灌水定额、减少灌水次数等措施,加以弥补。

2. 机泵　当水源与灌溉区域有足够的地形高差时,可以进行自压喷灌。通常,喷灌需用离心泵、潜水泵、深井泵、自吸泵等对系统供水、加压,其配备的动力可根据水泵配套功率要求,采用电动机、柴油机、拖拉机等进行配套。

3. 管道系统　喷灌管道一般分为干管、支管两级。干管可采用钢管、喷灌用 PVC 管、铸铁管及混凝土管。地埋支管,其管材选用可与干管相同。地面移动支管,可选用薄壁铝管、薄壁钢管及涂塑软管等。

4. 田间喷灌设备　田间喷灌设备包括喷头、竖管、支架。喷头是喷灌的主要部件。竖管是连接喷头与支管的专用管道,其高度要满足作物生长需要。支架主要用以支撑竖管,减少竖管及喷头的振动。

目前市场上的喷头种类较多,按工作压力大体上可分为低压喷头、中压喷头、高压喷头(或称近射程喷头、中射程喷头、远射程喷头),其主要性能指标及特点、应用范围见表3-8。

表 3-8　喷头性能及应用范围

类 型	性能指标	主要特点	应用范围
低压喷头 (近射程喷头)	工作压力:小于 200 千帕; 射程:15 米左右 流量:小于 2.5 立方 米/小时	射程近、打击 强度小	主要用于苗圃、蔬 菜、花卉、园林或喷灌 机
中压喷头 (中射程喷头)	工作压力:200～500 千帕 射程:15～42 米 流量:2.5～32 立方 米/小时	喷洒强度和打 击强度适中	适用范围广,大部 分作物可以使用
高压喷头 (远射程喷头)	工作压力:大于 500 千帕 射程:大于 42 米 流量:大于 32 立方 米/小时	喷洒范围大, 水滴打击强度大	用于对喷洒质量要 求不高的大田作物及 牧草等

　　按喷头结构形式和喷洒特征分类,又可分为旋转式喷头、固定式喷头和喷洒孔管三种。

　　(1)旋转式喷头　利用摇臂或射流元件,在水流和弹簧的作用下,使喷头转动,配有换向机构的喷头可作扇形喷洒。市场上的旋转式喷头有摇臂式、垂直摇臂式、全射流连续式、全射流步进式、叶轮式喷头等。管道式喷灌系统使用较多的 ZY 型喷头、彩虹喷头均属摇臂式喷头,流量、射程分别在 0.85～

9.76 立方米/小时、13.4～26.5 米之间。机组式喷灌系统多选用垂直摇臂式喷头、连续式全射流喷头、步进式全射流喷头、叶轮式喷头等，流量 8～50 立方米/小时，射程 29～50 米。其特点是喷头工作时无撞击，振动较小，工作稳定可靠。

(2)固定式喷头　喷洒时，其零部件无相对运动而称为固定式喷头。这类喷头结构简单，工作压力低，雾化程度较高，但射程近，属低压喷头。喷头工作时，水流沿切线或螺旋孔道进入喷体，沿锥形轴或壁面旋转，经喷嘴出的薄水层同时具有径向和切向旋转速度，在空气阻力下，裂散成小水滴。按结构形式及其喷洒特点，可分为折射式、缝隙式、漫射式三种。目前国产固定式喷头其单喷头流量范围为 0.048～3.66 立方米/小时，射程 1.7～7.66 米，工作压力 100～400 千帕。多用于花卉、苗圃、温室、草坪喷灌和行喷式喷灌机。

(3)喷洒孔管　喷洒孔管由一根或几根直径较小的管子组成，在管上部分布一列或多列方向不同的喷水孔，孔径 1～2 毫米，根据喷水孔的分布形式，可分为单列式和多列式两种。喷洒孔管结构简单，工作压力低，喷灌强度高，由于喷射水流细小，受风影响较大，一般只用于温室、大棚内喷灌。此外，喷洒孔管的小孔易堵，对水质要求较高。

(二)系统分类
喷灌系统有多种形式，并且每种形式又有数种衍变形式。按其结构，喷灌可以分为管道式喷灌和喷灌机组两大类。

1.管道式喷灌系统　管道式喷灌系统按其运行方式又可分为固定式喷灌、半固定式喷灌和移动式喷灌三种。

(1)固定式喷灌　固定式喷灌系统各组成部分在整个灌溉季节(甚至长年)都是固定不动。在水源水量有限(如井水)需要在田间轮灌时，为节约投资，通常将干、支管全部埋入地下或固定在地面,喷头、竖管及支架按轮灌要求在田间移动。

固定式喷灌系统,运行管理方便,工作效率高,易于保证喷灌质量。由于所需管材量较大,投资高,目前多用于经济作物、灌水频繁作物以及劳动力价值高的地区。在地形复杂的丘陵地区,管道移动不便,也多采用固定式喷灌。

(2)半固定式喷灌 干管固定、支管及喷头移动的系统称为半固定式。当支管及喷头在一个灌水位置喷洒完毕,可移动到下一个灌水位置,因此可以减少支管及喷头用量,减少了设备费用,但相应增加了劳动强度及运行管理的难度。是我国当前农村生产中推广应用较多的一种管道式喷灌形式。

(3)移动式喷灌 移动式喷灌包括移动管道式喷灌系统和全移动式喷灌。移动管道式喷灌系统除水源工程外,各级管道和喷头等均可移动,这样一套管道及喷洒设备可在不同地块上轮流使用,从而提高了管道及喷洒设备的利用率,降低了系统投资,但拆装管道及喷洒设备等劳动强度大,工作条件差。全移动式喷灌系统连机泵、管道等均可移动,在不同的喷灌位置接通不同的水源,甚至田间明渠或输水管道。移动式喷灌系统设备费用低,使用灵活,动力又可综合利用,但机组移动频繁,劳动强度大,运行费用相对较高,喷灌质量又难以保证,比较适用于劳动力资源丰富的抗旱灌溉地区。

2.喷灌机组 喷灌机组是把机泵、管道系统及田间喷灌设备进行合理的组装而形成一组喷灌机械。按规模可分为中、小型喷灌机组和大型喷灌机两类。

(1)中、小型喷灌机组

① 人工移动式喷灌机组:人工移动式轻小型喷灌机组其动力(电机、柴油机)与水泵联接在一起,结构紧凑,安装操作容易,一次性投入较低,但运行效率不高,整机搬运劳动强度

较大,田间灌水质量不易保证,喷洒规模小。人工移动式喷灌机主要有两种机型。一种小型移动式喷灌机组采用小型动力,如微型电动机、微型或小型柴油机等,整机重量较轻,有手提式、手抬式和手推式几种,比较适合于分散地块的喷洒。缺点是喷洒规模小,运行效率较低,灌水质量不易保证。一台手提式喷灌机机组仅能控制 0.27～0.53 公顷,手抬式和手推式喷灌机分别能控制 2～3.33 公顷、3.33～4.67 公顷。

另一种较大规模的移动式喷灌机,采用中型动力驱动,动力及水泵等固定在胶轮车上,采用人工移动管道,快速接头连接。管道多用薄壁铝管、镀锌薄壁钢管或涂塑软管等,灌水质量较高,但搬运管理工作量大、劳动强度大。为了减少用工量,可在喷灌竖管上加装三通管,加以改进。

② 拖拉机式喷灌机:这种机型分为悬挂式和牵引式两种。悬挂式是将水泵用托架安装在拖拉机的前方、中间或后方,故称为悬挂式,一般由离心泵、增速箱、吸水管、自吸装置、输水管及喷头等组成。配带单喷头时,喷头与上述部件组装成整体;配多喷头时,则用快速接头将管道引出拖拉机外,再在管道上安装喷头。该机型结构紧凑,拆装方便,机动性好,缺点是机械振动大,影响机件的寿命和工作性能,尤其是单喷头直接连接式影响更大。

牵引式与悬挂式不同之处在于水泵、增速箱等集中安装在一个专用小车上,小车由拖拉机牵引,增速箱由拖拉机联轴器驱动。其特点是移动方便,适应性强,同时降低了悬挂式的机械振动。国内外应用较广。配套拖拉机多为中型。

(2)大型喷灌机 大型喷灌机机械化程度高,从而减小了劳动强度,提高了工作效率,国内外研制使用的较多,主要有绞盘式喷灌机、中心支轴式喷灌机及平移式喷灌机等。

① 绞盘式喷灌机:由卷绕在绞盘上的软管供水,软管的一端接喷洒装置。灌溉时,先用拖拉机将喷洒装置拖至地头,再用绞盘卷绕软管回拉喷洒装置,同时完成喷洒作业。喷洒装置一般有两种类型,一种是末端单喷头型,通常是采用"摇臂驱动"的远程高压喷枪式喷头,多为扇形喷洒;另一种是装在拖车上的塔架支承的悬臂式喷洒器,一般采用低压折射式喷头,通过喷嘴的直径与喷头间距的合理组合,来保证喷洒水量的均匀分布,控制带宽 34~72 米。前一种类型成本低,操作简单,缺点是能耗高,受风影响较大。后一种类型受风影响小,灌水均匀。绞盘式喷灌机适用于补充性灌溉和有障碍物的不规则田块。

② 中心支轴式喷灌机:中心支轴式喷灌机又称时针式喷灌机或圆形喷灌机。特点是供水一端固定,支管绕固定端移动作圆形喷洒。配备的动力设备通常有:电动机、水动活塞、水动涡轮、液压油马达以及压气活塞。喷灌管道及喷头联结在塔架之间的桁架上,每个塔架驱动电机转速相异,保持管道近似平直并绕中心支轴旋转。移动的支管上装有冲击式喷头、旋转式喷头或喷雾式喷头,将水均匀地喷洒于圆形地块上。中心支轴式喷灌机的特点是自动化程度高,工作效率高,对地形及作物的适应性强,缺点是只能圆形喷洒,并且要求在灌溉区域内不能有任何地面障碍物,如电话线、电线杆、建筑物和树木等。渗吸速率低的土壤会影响支管匀速移动,矩形地块的地角需特别处理。

③ 平移式喷灌机:平移式喷灌机又称直线连续自走式喷灌机,一般用渠道或管道供水,特点是运行时喷灌支管沿直线平行移动,喷洒均匀,受风影响较小,喷灌质量高,适用于灌溉长方形田块。主要形式有:桁架式、双悬臂式、滚移式及横移

支管式等多种形式。

桁架式平移喷灌机:桁架式平移喷灌机的柴油机、水泵、发电机及控制、导向设备等均安装在该跨塔车的吊架上,运行时喷灌机的中央跨越渠道,支管轴线垂直于渠道,一边从渠道取水喷灌,一边顺渠方向行走。该喷灌机多采用低压喷头,自动化程度较高,单机组控制面积可达 20～133.3 公顷。缺点是对地形坡度的适应性较差,要求地面平坦,没有障碍物。

双悬臂式喷灌机:双悬臂式喷灌机的水泵、增速箱等安装在一个动力机架上,两侧对称安装两个翼状的桁架悬臂,桁架中有一根或两根弦杆是喷洒支管,其上安装有多个低压喷头,动力多为拖拉机或柴油机。由明渠或管道取水,作业时可以沿渠边走边喷洒。使用压力管道供水时,可以定点旋转喷洒,也可一边旋转喷洒,一边直线行走。工作压力一般为 100～300 千帕,单机控制面积可达 66.7 公顷。特点是工作效率较高,喷洒质量较好,但其机型庞大,机行道及渠道占地较多,对地形的适应能力较差。

滚移式喷灌机:滚移式喷灌机又称侧滚轮式喷灌机,由高强管、行走轮、中央驱动车、快接软管及喷头等组成。各支管采用刚性联结,并用大型轮子支撑,支管管道构成轮轴,喷头下安装有自动校平器,保证喷头保持直立。系统靠安装在管道中部的发动机或管道一端的外部动力进行移动,单机组控制面积可达 66.7～200 公顷。主要优点是结构简单、操作方便、运行可靠,控制面积大,生产效率高,喷洒质量好,所需配套的农田基本建设工程量小。但对地形的适应能力也较差;受轮子直径的影响,只能用于矮秆作物。当其用于高秆作物时,可将支管系统移到滚轮的上方,采用"A"字型小型支架(又称横移支管系统),定期地横越田间,进行灌溉。该系统适用于大多数大田作物和蔬菜作物。

④ 平移-回转式喷灌机:平移-回转式喷灌机吸收了平移式喷灌机及中心支轴式喷灌机的特长,在地块中间时平行移动;在地块两端,距地边等于喷灌机控制长度内,做圆形喷洒,边喷洒边转移至渠道另一侧邻近地块,继续平移喷洒。因此该机组提高了对水源及时间的利用率,同时提高了对地形的适应性,并且缩短了渠道长度,节省工程量。控制面积为23.3~133.3公顷。

3.其他喷灌系统 近年来,喷灌不断朝着低压方向发展,群众在生产实践中也总结出不少简便实用的方法,如多孔管系统、网格式软管供水的喷灌系统,这些方法的特点是无需使用水泵,在自流压力下就可以运行。配水管可以使用廉价的低压管道、无筋混凝土管、薄壁塑料管或石棉水泥管等。

(1)多孔管系统 多孔管系统又称管喷,使用薄壁塑料软管,沿支管的顶部和两侧按一定的间距打出成排的微孔,在较低的压力下,通过微孔进行喷水。孔径的大小和间距,以能达到毗邻管路之间灌水均匀为宜,目前多采用激光打孔技术。该方法多用于入渗率高的壤土、砂土等粗质土壤。

(2)网格式软管供水喷灌系统 该系统采用软管向以低压运行网格状管网供水,喷头按系统的网格布置形式移动,进行灌溉。网格式软管供水的喷灌系统,在资金和动力有限而劳力较为充足的发展中国家的小农场应用较多。

四、喷灌工程的规划设计

(一)工程规划

喷灌工程的规划关系到整个系统的成败与否,喷灌规划应与当地节水农业发展规划、农业规划、水利规划等协调一

致,并与路、林、电、渠及居民点相结合,力求做到降低工程造价及方便运行管理。规划步骤为:

第一步,应通过勘测收集资料,包括当地的自然经济状况、地形、地貌、土壤、作物、农业气象、水源等;

第二步,要进行可行性分析,对发展喷灌的技术可行性和经济合理性做出论证;

第三步,水源工程规划,包括选择取水方式、取水位置、数量及容量等;

第四步,喷灌系统选型,通过技术经济比较择优选定适合当地条件的喷灌系统类型;

第五步,是进行工程规划布置,将工程设施包括水源、泵站、输水管网等布置在一张规划图上;

最后,还要对材料设备用量、投资和运行费用进行估算,对工程建成后的效益及主要技术经济指标进行分析。

(二)管道式喷灌的设计

1.管道布置

①原则:喷灌支管应尽量与耕作方向平行并尽量与作物种植的垄向一致,最好是平行等高线、垂直主风向布置;干管与支管连接应避免锐角相交,并且干管的布置应尽量使多数支管长度相等,同时便于支管轮灌;当水源位置可选择时,应优先考虑水源在灌区中央的方案。

②形式:田间管网布置主要有两种形式,即"丰字形"布置和"梳子形"布置。

2.喷洒方式与组合方式的确定

喷头的喷洒方式有全圆喷洒及扇形喷洒两种。田边地角可采用扇形喷洒,其余多为全圆喷洒。

喷头的组合形式有正方形、矩形、三角形等。喷头的组合间距要在满足喷灌强度、喷灌的组合均匀度及雾化指标要求前提下,以工程费用最小为原则进行选取,并考虑施工方便(管材定尺)。目前市场上大多数喷头的性能表中,均对此有一推荐值。

3.喷灌工作制度的确定　喷灌工作制度包括喷头在工作点上的喷洒时间、喷头日喷洒工作点数、每次同时喷洒的喷头数及轮灌方案等。喷头在工作点上的喷洒时间由灌水定额及喷头布置间距和喷头流量确定,即:

$$t = abm/667q$$

式中:t ——喷头在工作点上的喷洒时间(小时);

　　　a ——喷头间距(米);

　　　b ——支管间距(米);

　　　m ——设计灌水定额(立方米/667平方米);

　　　q ——喷头流量(立方米/小时)。

每日可喷洒的工作点数可由每日喷洒的作业时间来确定,即:

$$n = N/(T \cdot S)$$

式中:n ——同时喷洒的喷头数;

　　　N ——总喷点数;

　　　T ——灌水周期;

　　　S ——喷头的日移动次数。

喷头的日移动次数为喷头日运行时间除以喷头在工作点上的喷洒时间。依照《喷灌工程技术规范》对喷灌的日喷洒作业时间的规定:固定式喷灌系统不宜小于 12 小时,半固定管道式喷灌系统不宜小于 12 小时,移动管道式和喷灌机组式喷灌系统不宜小于 8 小时,行喷式喷灌系统不宜小于 6 小时。

轮灌方案则根据每次需同时喷洒的喷头数来确定,原则如下:轮灌编组要有一定的规律,使各轮灌组工作的喷头总数尽量一致,减少流量波动,以方便运行管理。同时轮灌编组有利于提高管道设备利用率,制定轮灌顺序,应将流量分散到各配水管道,避免流量集中。

4.管道系统设计　管道系统设计包括管材、管径选择及水力计算等。

(1)管道系统设计　管道系统设计应使喷头工作压力符合下列要求:

第一,任何喷头都应在国家标准规定的压力范围内工作,喷头的实际工作压力不得低于喷头设计工作压力的90%;

第二,同一条支管上任意两个喷头之间的工作压力差不得超过喷头设计工作压力的20%;

第三,喷灌系统压力差较大时,应划分压力区域,并进行分区设计。

(2)管材与管径　目前常用的地埋管管材有钢筋混凝土管、塑料管和石棉水泥管及钢管、铸铁管等。管材的选用应根据当地材料供应情况、使用环境等来确定,地面移动管道,宜采用带有快速接头的薄壁铝合金管、薄壁镀锌钢管和专用塑料管等。管材选定后,即可进行管径的选择,干管管径的设计一般采用方案比较或计算机优化计算,在满足管网所需压力、流量的前提下,尽量使系统投入费用降低。支管管径的确定应使喷头工作压力符合20%原则,管径大小由水力计算公式求得。

管道系统设计完成后,需要根据系统压力流量选配水泵动力,并进行泵站及水源工程设计,最后编制预算并提出施工要求和运行管理技术等。

(三)典型喷灌机

轻小型喷灌机组多为组合式,应用时可根据需要,在满足喷灌技术要素的前提下,选择适宜的喷头、支管。大型喷灌机一般有专门的设计人员,按照喷灌的要求进行设计,应用时不需对喷灌机的任何机械装置进行设计。但由于大型喷灌机多为定型产品,应用时需要作局部的调整,因此在选择喷灌机时,可考虑各种因素作适当的调配,以满足灌水要求。

1.绞盘式喷灌机　选择绞盘式喷灌机时主要考虑喷灌机的行走速度,一般行走速度宜控制在±10%以内。影响绞盘式喷灌机保持恒定速度的因素主要包括:随软管尺寸、土壤类型、地形和牵引道状况而变化的软管牵引力;水压和流量;缆绳卷轴上所装缆绳量随缆绳卷盘的设计不同而各异,并必须在绞盘式喷灌机的设计中得到补偿或者喷灌机要加速驶过行走的那段距离;动力装置必须相匹配。

应用时,主要考虑牵引路的位置和条数。通常牵引路的条数等于喷灌机射程的倍数。牵引路的间距,应根据喷灌机所配喷头的喷嘴尺寸、喷射仰角和工作压力而定,要求在设计风速下达到合理的喷灌均匀度。

2.中心支轴式喷灌机　中心支轴式喷灌机具有从固定支轴点进水、灌水后机组自动停于下次灌水的起始点等优点,消除了与其他类型自走式喷灌机相关的最难解决的机械和运行方面的问题。但由于喷灌机在运行时角速度相同,线速度随着距固定支轴点距离的增加而增大,为了保证灌水均匀度的要求,设计时通常要根据土壤的入渗速率选定喷头间距或喷头流量。

若像其他喷灌机那样沿支管各点的喷灌强度一致,满足喷灌机末端灌水要求时,其中心处的喷灌强度可能远大于土壤的入渗能力，产生的径流不仅严重地影响灌溉均匀度，引起水量、能量损失，甚至作物减产。为了保证灌水均匀度的要求，喷灌强度必须与此相适应。假定与移动支管成直角的某一椭圆形喷灌强度模式，用该模式的底宽除以中心支轴式喷灌支管的移动速度便可将静止的喷水模式变换成移动的喷水模式。通常采用改变喷头间距或喷头流量的方法加以解决。

3. 平移式喷灌机　平移式喷灌机运行时，支管上各点的线速度相同，解决了中心支轴式喷灌机沿支管灌水不均的难题。但运行结束时，喷灌机不在初始位置，因而在田间布置时，宜将供水线路设置在地块中央，两侧双向灌水，并尽量使每条支管控制更大的灌溉面积，提高喷灌机的使用率。

五、喷灌的多目标利用

喷灌除用于灌溉外，还可用于喷施化肥、土壤改良剂、除草剂和杀虫剂，防霜冻和干热风危害，以及农场防火、牲畜饲养场和家禽建筑物降温、大型工矿除尘和为填土施工进行洒水等。

六、运行管理与维护

喷灌灌溉制度根据所灌溉作物、土壤、气候状况等进行编制，达到减少费用、节约用水目标的同时，实现作物的优质、高产。建立相应的技术档案，标明泵站、供水管、干管和分干管的位置，支管的位置和移动方向，喷头的间距以及所需管径和各管径管段的长度等技术参数；以及应当在布置干管和支管、喷头间距、支管移动、支管运行时间和设计运行压力等运行要求。制定一套包括对水源、系统首部、压力管道等的管理规程，严格按照有关规范要求和设计说明书进行运行和管理，同时加强对机、泵、管、头的日常维护，保证系统的正常运行。

第五节　微灌工程技术

微灌是根据作物需水要求，通过低压管道系统与安装在末级管道上的特制灌水器，将水和作物生长所需的养分以较小的流量均匀、准确地直接输送到作物根部附近的土壤表面或土层中的灌水方法。微灌常以少量的水湿润作物根区附近的部分土壤，因而又称局部灌溉。

一、微灌的特点

微灌是当今世界上最先进的灌水技术之一，具有省水、节能、增产、节省劳力和能适应复杂地形等优点。

微灌系统全部采用管道输水，很少有沿途渗漏和蒸发损失。灌水时一般只湿润作物根区的部分土壤，灌水定额小，不会产生地表径流和深层渗漏，一般比地面灌溉省水33%～50%，比喷灌省水20%～30%。微灌的工作压力一般为0.7～1.5千帕，提水加压所需的能量相对较少；设计良好的微灌系统，灌水均匀度可达90%以上。由于灌水定额小，可以合理调节田间温度、湿度，同时不破坏土壤结构，因而增产效果明显。微灌的灌水量和灌水速度都可以控制，适合于各类土壤灌溉，对不良土壤尤其适用。微灌一般只灌溉作物根系层土壤，其最突出的优点是可以利用微咸水进行灌溉。微灌减少了平整土地的劳动强度，安装了自动控制装置的微灌系统更能节约劳力。在使用其他方法灌水很困难的山丘地区，很适合发展微灌。

微灌最突出的问题是易引起堵塞,严重者会使整个系统无法正常工作,甚至报废。含盐量高的土壤上或是利用咸水进行微灌时,会引起盐分在湿润区的边缘积累。

二、微灌系统的组成

微灌工程通常包括四个部分:水源工程、首部枢纽、输配水管网和灌水装置(灌水器)

(一)水源工程

河流、湖泊、塘堰、渠道、井泉等,只要水质符合微灌要求,均可作为微灌的水源。为了充分利用这些水源,有时需要修建引水、蓄水、提水工程以及相应的输配电工程等,这些统称为水源工程。

(二)首部枢纽

微灌系统首部是由机泵、控制阀门、水质净化装置、施肥装置、测量和保护设备所组成。首部担负着整个微灌系统的运行、检测和调控任务,是全系统的控制调度中枢,除水泵、动力设备、各种阀门、水表、压力表等为通用设备外,其余为微灌专用设备。

1.净水设备 水源中可能含有各类杂质,微灌灌水器出水口孔径一般在 1 毫米左右,极易被堵塞,因此微灌用水都要先经过净化处理。水的净化处理可采用化学或机械方法,微灌工程系统的水质处理多为机械处理。过滤器是微灌系统中的关键设备之一,对含沙量高的水可以先经过沉淀池沉淀后再行过滤。常用的过滤器有:

(1)筛网过滤器 采用塑料或金属滤网,过滤灌溉水中的粉沙、砂及水垢等污物,可根据灌水器孔径大小选配不同的目数。通常与其他形式的过滤器组合使用,用作末级水过滤设备,水质较好时也可单级使用。

(2)砂过滤器　在一个密封压力罐内分层装有一定规格的沙子、砂石或其他粒状材料,水经过分级的颗粒层后可以滤除鱼卵和水藻等有机杂质。富含有机物质及淤泥的地表水源常用砂过滤器作为初级过滤。砂过滤器一般比较贵,过滤介质必须定期清洗,通常一年冲洗1～4次。

(3)离心式过滤器　含沙水流在离心力的作用下,将水中沙子分离出去,因而又称旋流式水砂分离器。适宜于去除水中含有大量沙子及石块的水源,使用时一般应与其他过滤器(如筛网过滤器、砂过滤器)配合使用,安装在井、泵旁边,作为一级过滤设备。

(4)叠片式过滤器　与筛网过滤器原理类似,由许多刻有沟槽的塑料同心圆片组成,结构紧凑,过滤效果好。

(5)组合式过滤器　当单一的一种过滤器对灌溉水进行处理后,仍不能符合滴灌用水要求时,则要对以上过滤器进行组合使用,使水通过多种过滤器进行过滤,将水中污物清除干净,然后送入输配水管网。

2.过滤器类型选择　不同类型的过滤器,挡截灌溉水中杂质的效率不同,为了方便选用,列表3-9。在有些情况下,使用不同的过滤器而效果可能一样,这时就应用便宜的过滤器,一般来说,砂石过滤器最贵,筛网及叠片式过滤器最便宜。

3.施肥(药)装置　利用微灌系统可以进行施肥、施药灌溉,将可溶性肥料或农药液体按一定剂量通过特定的设备加入微灌系统,随灌水一起施入田间。常用的施肥设备有施肥罐、开敞式肥料桶、文丘里注肥器和注射泵等。

表 3-9　过滤器类型的选择次序

杂质	杂质程度	量化指标（毫克/升）	过滤器类型				控制过滤器类型
			水砂分离器	砂过滤器	叠片过滤器	筛网过滤器	
泥土颗粒	低	≤50	第一选择	第二选择	—	第三选择	筛　网
	高	>50	第一选择	第二选择	—	第三选择	筛　网
悬浮固体物	低	≤50	—	第一选择	第二选择	第三选择	叠　片
	高	>50	—	第一选择	第二选择		叠　片
藻类	低	—	—	第二选择	第一选择	第三选择	叠　片
	高	—	—	第二选择	第一选择	第三选择	叠　片
氧化铁和镁	低	≤0.5	—	第二选择	第一选择	第一选择	叠　片
	高	>0.5	—	第一选择	第二选择	第二选择	叠　片

(1)施肥罐　又称压差式施肥罐,安装在首部压力较高的系统中,利用阀门调节施肥罐上、下游压差,将施肥罐中的肥料溶液注入滴灌系统,不需外加动力设备,加工制造简单,造价较低。但因罐体容积有限,需频繁添加化肥,肥料溶液浓度不易控制。

(2)开敞式肥料桶　适用于自压水源微灌系统的首部,通过供肥管阀门,将肥料溶液注入微灌系统,使用方便。

(3)文丘里注肥器　与敞开式肥料箱配套组成一套施肥装置。其构造简单,造价低廉,使用方便,主要适应于小型微灌工程如温室大棚内,缺点是水头损失较大。

(4)注射泵　微灌系统中常使用活塞泵或隔膜泵向灌溉管道中注入肥料或农药。使用该装置的优点是肥液浓度稳定不变,施肥质量好,效率高;缺点是需另加设备和动力,且造价较高。

4.保护装置　滴灌系统的保护装置主要有减压阀和进排气阀。

（1）减压阀　安装在可能出现超高压的地方，或在系统首部。特别是对较大的微灌系统，或水头较高的自压微灌系统，都应在适当地点安装减压阀。

（2）进排气阀　一般安装在干管和支管最高处。在系统充水时，排出管道中的空气，排水时又使空气进入，避免产生负压，以防滴头吸入泥土，在地下滴灌系统中，对此更应重视。

（三）输配水管网

输配水管网包括干管、支管、毛管等输、配水管道及其连接管件。在整个微灌系统中用量多、规格繁，占投资比例较大，选用时应根据管道和管件的型号、规格、性能，进行技术经济比较。使用最多的管材是黑色聚乙烯（PE）塑料管。高压低密度聚乙烯管为半软管，韧性好，对地形适应性强，化学性能稳定，是目前国内微灌系统使用的主要管材。目前各种规格的管材都有配套接头、三通、弯头、旁通和堵头等附属管件，安装方便。

（四）灌水装置

微灌的灌水器包括滴头、微喷头、涌流器、滴灌带和渗灌管等，使用时置于地表或埋入地下。

1.滴头　按照滴水方式划分，滴头包括线源滴头和点源滴头两大类。

（1）线源滴头　灌溉时，湿润区相互搭接，沿毛管呈条状给水。工作压力较低，为降低造价将毛管和滴头合为一体，称滴灌带。适用于条播作物。

① 双壁管滴灌带：有内外两个管壁，外管单位长度上的孔眼数是内管的 4～6 倍。内管主要起输水作用，外腔起滴水作用，无需安装滴头，造价低，抗堵性能好，均匀度高，工作压力低。

②薄膜滴灌带:用黑色薄膜卷封热合成管状,两边重叠部分用模具加工成迷宫形流道,省却了滴头,长度可延伸100~200米。使用时置于地表或埋入地下,埋入地下时可机械化铺设。具有性能稳定、灌水均匀、造价较低、工作压力低等突出优点。

③滴头内镶式毛管:毛管内径为15毫米,在毛管的内壁上安装迷宫式滴头。质量较高,使用时间长,但造价较高。

④双上孔滴灌带:由薄膜聚乙烯材料吹塑而成,采用激光打成微孔,工厂化生产,均匀度达95%以上。内径一般为25毫米。该滴灌带省掉滴头,造价较低,安装方便,易于运输,生产技术要求不高,是一种用途较广泛的滴灌毛管。

(2)点源滴头　滴头间距较大,通过田间施工安装在毛管上,适用于株行距较大的果树等作物,温室大棚、露地栽培均可使用。主要有以下几种。

①发丝滴头:将直径0.8~1.5毫米的微管直接插入内径为1毫米左右的毛管中进行滴灌,称为发丝滴头。微管在毛管上的安装可以是散放式,也可以是缠绕式。毛管常采用黑色聚乙烯管。根据毛管中水压变化,通过调节微管长度可以达到整条毛管的滴头出水量均匀一致。缺点是安装费事,且不易保证质量,使用当中微管易从毛管上脱落。

②管式滴头:安装在两段毛管之间,滴头本身成为毛管的一部分,流道又窄又长,有内螺纹式和迷宫式两种,当压力水流经过时,起到消能作用,最后变成不连续的水滴滴出。

③孔口滴头:是利用孔口的收缩和扩散对压力水流进行消能的一种滴头。结构简单,价格低廉,受水温变化影响小,安装方便。

④压力补偿型滴头:滴头腔内装有弹性膜片,当压力水

流经过时,膜片受压变形,使流道变小,形变量随水流压力而变,从而可以调节流量,滴头的流量稳定。缺点是弹性膜片易老化而失去调节功能,价格较高。

2.微喷头　微喷头是一种介于喷头和滴头之间的一种灌水器,以喷洒状湿润土壤,灌溉作物,既可增加土壤水分,又可提高空气湿度;适用于灌溉茶园、果园、苗圃、蔬菜、花卉、温室大棚。微喷头的工作压力低于滴头,但出水口孔径大于滴头,因而节能的同时,提高了系统的抗堵性。按喷洒状态和水力性能可分为折射式、旋转式和缝隙式微喷头几种。

(1)折射式微喷头　由支架、折射锥、喷嘴和接头四部分组成。当压力水从孔口喷出后,碰到折射锥,水流改变方向,在折射面形成薄水层后向四周喷洒,在空气阻力、水流内部的涡流等的作用下,薄水层呈现雾状洒向地表,因而又称雾化喷头。喷射方向有单向、双向和全圆几种。工作压力为100千帕,射程1.4~3米。其优点为结构简单,价格低廉,运行可靠,抗堵塞能力强;但喷射面有一定死角。

(2)旋转式微喷头　由喷水口、旋转臂、支架和接头四个部分组成。旋转臂是它的主要部件,水流经过刻在旋转臂上的导流槽后,以一定的仰角向外喷出,同时在水流的反作用力下,使旋转臂带着水舌快速旋转,把水均匀地洒在地面。工作压力在150千帕左右,有效喷洒半径4~7米,喷水强度小,水滴微细,常用作果树、蔬菜的微喷灌,尤其适用苗圃、温室、城市花园的灌溉。

(3)缝隙式微喷头　喷水嘴呈狭长的扩散缝隙,水流从缝隙中射出,在缝隙壁阻力的作用下,向四周漫射。此外还有将缝隙做成一定的流道,水流沿圆环形流动时,形成高速旋转的水流,靠离心力的作用,向外喷射,因而该喷头又称离心式喷头。该类喷头品种单一,喷水特点不明显,因而应用较少。

3.渗灌管　渗灌管一般埋于地下,目前渗灌技术还处在试验阶段。可用作渗灌管的材料有打孔塑料管、渗灌瓦管、发泡塑料管几种。

(1)打孔塑料管　直接在塑料毛管上打孔作为出水口,埋入地下使用,方法简单易行,缺点是流量受土壤含水量及打孔质量影响很大。打孔方法主要有人工和激光两种,人工打孔精度较低,激光打孔质量较好。

(2)渗灌瓦管　采用粘土烧制的瓦管连接而成,通过瓦管上的微孔渗水,一般一条渗灌管需要 100~200 节瓦管,缺点是均匀度不好控制,接头处容易漏水。

(3)发泡微孔塑料管　利用废旧橡胶和特殊添加剂加工生产而成的发泡微孔塑料管,管壁上有许多肉眼看不见的弯曲透水微孔,流量均匀度达 0.82~0.93,符合微灌技术要求。

三、微灌工程的类型

根据系统所采用的灌水器形式,微灌可以分为滴灌、微喷灌、涌泉灌、渗灌、脉冲微灌等几种类型。

(一)滴　灌

滴灌利用安装在末级管道上的滴头、孔口或与毛管一体的滴灌带作灌水器,流量一般在 2~12 升/小时。灌溉水以一滴一滴的形式灌溉作物,滴头下的土壤水分处于饱和状态,水分主要借助毛管张力作用湿润土壤。可结合灌溉施肥和施农药,便于自动控制。滴灌系统常分为温室滴灌系统、果树滴灌系统和大田滴灌系统,多用于灌溉北方地区的苹果、葡萄、瓜果等,近年来部分大田作物也开始采用。

(二)微喷灌

微喷灌是在喷灌和滴灌技术的基础上,逐步形成的一种灌溉技术。通过低压管道系统,以小的流量将水喷洒到土壤表面进行灌溉的。灌水的主要部件为微喷头。微喷头与毛管相连或直接安装在毛管上,压力水以喷洒状湿润土壤,兼具了喷灌和滴灌的优点,可分为大田微喷系统、果树微喷系统和温室内悬挂式微喷系统几种类型,适合灌溉南方地区的柑橘、茶叶、胡椒等经济作物及喜湿的苗木、花卉及食用菌类。

(三)涌泉灌

涌泉灌又叫小管出流灌溉,采用直径 4 毫米的细管与毛管连接作为灌水器,以小股水流、射流形式局部灌溉作物根区土壤,流量一般为 80～150 升/小时,大于土壤入渗速度,常辅以田间渗水沟控制水量分布。为提高灌水均匀度,常在灌水器前加一流量调节器或干脆用流量调节器作为出水口。特点是抗堵能力强,水质净化处理简单,操作简便,特别适合于果树灌溉。

(四)渗 灌

渗灌又叫地下滴灌,是将一种特别的渗水毛管(渗灌管)埋于地表以下 30～40 厘米,压力水通过渗水毛管管壁的毛细孔以渗流的形式湿润周围土体。与滴灌、微喷灌相比,渗灌更加节水节能,灌溉水直接送到作物根区,地表基本干燥,棵间蒸发很少,水的利用率可达 95% 以上;同时不破坏土壤结构,方便耕作和防止老化。缺点是极易堵塞和维护困难,目前渗灌技术尚不宜大面积推广。

(五)脉冲式微灌系统

脉冲式微灌系统的灌水器由弹性毛管、喷水器、脉冲控制器及其附件组成。运行时,由脉冲控制器控制系统进行间歇、递进式喷水,提高了微灌系统的抗堵性和均匀度。特点是适应性强,但造价较高。

四、微灌工程的技术要点

(一)设计日耗水强度

与其他灌水方法相比,微灌在灌水时只部分湿润地表,因而地面蒸发损失很小,主要是作物自身的耗水,其耗水量的大小与作物遮荫率有关,其计算式如下:

$$Ea = Gs \times E_0/0.85$$

式中:Ea ——微灌时作物耗水强度(毫米/天);

　　　Gs ——作物遮荫率,大田或蔬菜 0.8~0.9,果树可按树冠占果树面积进行计算;

　　　E_0 ——参考作物蒸腾量(毫米/天)。

微灌的设计日耗水强度一般按全年或全生育期中月平均耗水强度峰值进行计算。

(二)土壤湿润比

微灌土壤湿润比是指微灌时湿润土体占计划湿润深度总土体的百分比,在实际应用中,常以地面以下 20~30 厘米处湿润面积占总灌水面积的百分比表示。毛管布置方式、灌水器流量和灌水量的大小、土壤种类和结构等,都影响土壤湿润比的大小。

(三)灌水均匀度

灌水均匀度是衡量微灌灌水质量的的重要指标之一,受灌水器的制造偏差、堵塞情况、水温及系统工作压力的变化等因素影响。依照《微灌技术规范》要求,微灌的灌水均匀度应在 90% 以上。

(四)灌溉水利用系数

微灌的水量损失主要是由于灌水不均匀和某些不可避免的损失所造成的。灌溉水利用系数常用储存在作物根层的水量与微灌的灌溉供水量之比表示。设计良好时微灌水利用系数可达 90% ~ 95%。一般要求滴灌水利用系数应不低于90%,微喷灌不低于 85%。

五、微灌工程的建设与管理

微灌系统与其他灌溉系统一样,整个规划设计工作可以分为勘测调查、规划和设计三个阶段。首先进行勘测调查,收集有关资料,如气象、地形、土壤、水文及水文地质、农业生产、社会经济等资料,然后进行规划,提出设计方案,最后才进行微灌系统的技术设计,以减少盲目性,避免做无益的工作,使设计更合理。规划设计工作,应请有关专业部门和专业人员来做,以便使微灌工程的规划设计经济上合理,技术上可行。同时微灌系统的施工安装,应严格按照设计要求,在专业技术人员的指导下进行,以保证工程质量及正常运行。

建成后的微灌系统应设立专门管理机构,制定规章制度,确定专人管理。管理人员要经常检查微灌系统的水源、首部枢纽、各级管路、闸阀和田间灌水器是否保持良好的技术状态。每次灌水后都要清洗过滤器,防止灌水器堵塞。发现管路损坏、闸阀漏水要及时修复。在灌水季节过后,可将微灌用的毛管和灌水器及时收藏起来,防止日晒和鼠咬;冬季在结冻之前,要排除系统内的余水,做好防冻工作。

第六节 抗旱灌溉技术

一、坐水种与行走式淋灌机

(一)坐 水 种

坐水种也称为"点灌"或"注灌",是一种"土洋结合"的抗旱型半灌溉技术,以抢农时,保苗促产为目标。其基本工序包括刨埯、施肥、浇水、点种、覆土。一般每埯浇水 2~3 升,每公顷用水量 90~135 立方米。坐水种最大限度地减少了灌溉水量的无效损耗,扩大了灌溉受益面积。随着专用的坐水播种机的研制和使用,坐水种技术已达到半机械化程度,可同时完成开沟、注水、播种、施肥、覆土五项工作,大大提高了劳动效率。

(二)行走式淋灌机

行走式淋灌机利用小四轮拖拉机做动力,加装水泵、贮水箱、水管及淋洒器等成一体。是小麦、玉米、棉花等农作物在干旱季节的播种催苗、保出全苗以及作物长高后的移动喷灌等用途的一种节水灌溉机械。使用时,水箱中的水用水泵或真空自吸、气泵加压,将低压水送至车前或车后横置水管中,从横置水管中多个淋洒器中淋洒到作物根部或茎叶顶部,属于局部灌溉机械。目前市场上有两种机型的行走式淋灌机。一种是将水箱放在拖车上,并在拖拉机上加设水泵,这样可方便地从水池中直接抽水,同时可使水泵出口加压,使喷水压力保持稳定,还可接上喷头实施喷灌。另一种机型不需另配水泵,水箱吸水采用拖拉机上的柴油机废气自吸装置,水箱内加压使用拖拉机上的小气泵,水箱是由三个油桶前后分置(前一后二)在拖拉机加设的托架上,并被密封,各水箱用管子连通后,可以在真空自吸条件下互流,因此即使不给水箱内加压,水也可自行流出,该机多用于作物苗期灌水,淋洒器为普通塑料喷淋头。

二、吊管井软管退灌

吊管井也叫做真空式空穴井,是真空井的一种形式。它是在含水层埋深不大的条件下,将井孔凿入待开采含水层顶板,通过洗井抽沙在含水层造成一个穴坑,形成集水坑,以增加单井出水量。吊管井适宜于对含水层为粉沙层,其上顶板为比较稳定的隔水层,地下水位及待开采的含水层埋深较小的浅层地下水的开采利用。

(一)吊管井的形式

1.真空式空穴井　真空式空穴井也叫单管真空式空穴井。真空式空穴井的优点是成井工艺简单,投资少,适宜群众自发性打井,维护比较方便,不易遭受人为破坏,但空穴不易稳定,运行时若过量开采地下水,容易引起含水层顶板塌方而淤井报废。此外,由于真空式空穴井采用的是"对口抽"形式,当地下水位下降过大时,因水泵吸程有限而使水井不能正常工作。真空式空穴井适用于地下水位埋深浅、含水层顶板坚固而稳定的地方,可作为一种简易抗旱应急井使用。

2.多管真空式空穴井　多管真空式空穴井就是将多个真空式空穴井通过弯头、水平集水管和汇水管(汇水管与水泵直接相连)连接起来的一种真空井,俗称"联管井"或"梅花井"。这种形式的空穴井一方面增大了集水面积,减小了地下水进井阻力,另一方面可以大大减小地下水位下降速度,保证水井能够长时间连续供水。与单管真空式空穴井相比,成井工艺较为复杂,一次性投资高,运行费用亦高,但单井出水量大,可控制较大的灌溉面积。多管真空式空穴井的关键是各连接部位的密封问题。

3. 大空洞真空井　大空洞真空井是在半径为 3~4 米的圆周上均匀布置几眼副井,圆心处打一主井,其主、副井结构相同,成孔后用大吸程泵组抽沙洗井,形成一个大空洞式的地下集水坑,目的是增加单井出水量。一般在成井后可将副井的井管拔出,以便再利用。大空洞真空井的特点是施工复杂,成本高,运行费用也多。

(二)吊管井的地面灌水系统

由于吊管井的出水量相对较小,因而其灌水系统应采用节水技术,通常应用的输配水系统是塑料软管,俗称“小白龙”。应用“小白龙”灌水,一般是先远后近,灌水过程多用脱节分段法,即将田间小白龙事先分段,一般每段 6~10 米,顺水后退脱节进行灌水,灌完一段畦田,去掉一节小白龙,这样可以提高灌水效率。顺水内插 1 米左右,若有爬坡可内插 2 米左右,搭接太短,易漏水或回水时易脱节。若井的出水量或水泵扬程许可,也可用喷灌机组或微喷灌水系统与吊管井配套。

三、注射灌溉

注射灌溉技术是从水源取水后,通过输水软管与注水器相连,利用特制的注水器直接向根区土壤注水(或水肥)的一种灌水方法,称“给土壤打水针”。注水器可利用喷雾器加上一个手持喷枪,也可采用软管移动进行注射灌溉,注水器的数量可根据抽水量的大小进行配置。其特点是设备可移动使用,设备利用率高。

四、地膜穴灌

地膜穴灌是在抗旱坐水种的基础上进行的。播种后覆上地膜,当作物出苗快触到地膜时,宜在气候温暖时呈十字形划破地膜,待苗长出地膜后,再把播种坑扩大为灌水孔,即地膜集流穴。灌水时,可每孔根据植株大小人工灌少量的水,保证作物成活;同时地膜集流穴可以收集天然降水时降到其他部分膜上的雨水,提高降雨的利用率。

第四章　旱作农艺节水技术

第一节　节水耕作技术

旱地节水耕作技术多种多样,按照在水土保持和蓄水保墒中的作用,可分为3类:第一类是以改变微地形,增加地面粗糙度,拦截雨水,减少土壤冲刷为主的耕作措施,如等高带状耕作、等高垄作、蓄水聚水聚肥耕作(丰产沟)、坑田等;第二类是以增加地面覆盖,减少水分蒸发,减缓径流为主的耕作措施,如少(免)耕法、深松覆盖法、留茬覆盖法等;第三类是以疏松土壤,改善土壤理化性状,增加土壤渗透和蓄水能力为主的耕作措施,如深松耕法、结合施用大量有机肥料的深耕法等。

一、深松耕法

深松耕是采用无壁犁、深松铲、凿型铲等机具,只疏松土层而不翻转土层的一种土壤耕作方式。松土深度一般为20~30厘米,最深可超过50厘米。国内有关深松耕法的试验首先开始于东北。自20世纪70年代以来,东北地区的科技人员通过研究,提出用深松机深松以创造"虚实并存"的耕层构造的思路,成为干旱半干旱地区防旱、防涝的有效新途径。

(一)深松耕法的特点

深松法避免了翻耕过程中造成的大量水分散失,有利于保蓄土壤水分;并且可在覆盖条件下作业,保持原土层,比翻耕法土壤结构好;此外,深松法消耗的牵引力小于翻耕法,工作效率提高。深松法的不足之处是不能翻埋肥料、杂草与秸秆及减少病虫害。为了弥补这一不足,常在深松以后再进行一次旋耕作业。

(二)深松耕法的主要方式

1. **全面深松** 应用深松犁全面松土,深松后耕层土壤比较均匀、疏松。此种方式所需动力较大,适于配合农田基本建设,改造耕层浅的粘质硬土时进行。

2. **局部深松** 应用齿杆、齿形铲或铧形铲进行松土与不松土相间隔的局部松土,松后地面呈疏松带与紧实带相间存在的状态。局部深松可在播种前的休闲地进行,也可在播种后苗高20~30厘米时的行间进行。疏松带有利于降雨入渗,增加土壤水分,并且利于雨后土壤的通气及好气性微生物的活动,促进土壤养分的有效化。紧实带有利于土内水分上移,供作物生长需要。如在坡面横向耕作时,紧实带还可以阻止已渗入耕层的水分沿犁底层向坡下移动。因此,局部深松有明显的蓄水保墒和增产效果。据宁夏固原观察结果,深松30厘米打破犁底层后,一般30~60厘米土壤中的储水量比对照多8.6%~30.1%,平均相当于全年多蓄降雨80毫米,或相当于每667平方米灌水55立方米。在辽宁省西部风沙地试验结果表明,深松地玉米较平翻后种植的玉米增产18.7%。

3. **中耕深松** 在秋作物为主地区,中耕深松可创造大容量的土壤水库,蓄积夏季雨水。

(三)深松耕法的机具

国产大型深松机具:①河北保定农业机械机械厂生产的ISND系列悬挂深松机。松土深度35~45厘米,单体深松宽度35厘米,总深松宽度140~210厘米,相邻两深松铲尖的纵向距离70厘米,耕作速度4~8千米/小时,配套动力为东方红-802/1002/1202 覆带拖拉机。②原北京农业工程大学研制的 ISY-180 型双梁式可调翼深松铲。该机采用三点悬挂式，可同时完成深松、碎土合缝。主要用于小麦秸秆覆盖地松土作业，也可用于其他地面状况的深松作业。配套动力铁牛-55 型拖拉机，深松深度 50～70 厘米，工作幅度 1.8 米，深松铲数量 3 个，工作效率 5 公顷/班左右。③原北京农业工程大学研制的 ISS-280 型间隔深松机。该机为三点悬挂式，与铁牛-55 型拖拉机配套，一次作业可完成深松、镇压、合缝等工程。主要适用于玉米等中耕作物秸秆覆盖地松土作业。

国产小型深松机以中国科学院石家庄农业现代化研究所研制的系列产品为主，包括：①1SL-1 牵引深松犁，双层铲作业，可创造合格的虚实并存耕层结构，畜力、小拖拉机牵引均可。②1ST-2 小型深松机，为小型拖拉机配套，双铧悬挂式双层铲作业，适于小麦等平播作物播前整地用，可创造不同间隔的虚实并存耕作层。③2BT-2 型松播机，为小型拖拉机配套，适于中耕作物深松、播种、施肥同时作业。

二、少(免)耕法

少耕法通常指在常规耕作基础上减少土壤耕作次数和强度的一类土壤耕作体系。它的类型较多，如以田间局部松耕代替翻耕、以耙代耕、以旋耕代翻耕、耕播结合、铁茬(板田)播种、免中耕等，均属少耕范畴。在一季作物生长期间，机具进地次数常减少为 4～6 次。

免耕法指作物播前不用犁、耙耕整土地，直接在茬地上播种，播后作物生育期间又不进行农田的土壤管理，于播种前后喷洒化学除草剂消灭杂草的一类耕作方法。典型的免耕法在一块田地上可用于一季作物，可用于一年多季作物，也可用于数年全部作物。经过一定周期之后,还可再耕。一季作物生产过程,机具作业约 3 次,即一次播种、一次喷药、一次收获。免耕由 3 个环节组成:①地面覆盖残茬、秸秆、砂石或其他覆盖物;②前作收获后直接播种,以采用联合作业的免耕播种机开沟播种、施肥、施药、覆土、镇压一次完成作业最好;③应用广谱化学除草剂于播种前后进行土壤处理,以杀除杂草。

免耕与少耕的原理在有些方面是相同的,如均属减少机械进地次数以争取农时和减轻对土壤结构的破坏。据此可以认为少耕是常规耕作与免耕之间的过渡型。但有些原理又是不同的,如免耕常与作物秸秆等覆盖相结合,在一定条件下以"生物代耕",从而减轻水土流失和风蚀,促进土壤水、肥、气、热因素的相互协调,其效果往往是少耕难以达到的。再者,免耕只适宜某些土壤并要求一定的生产条件。因此,目前少耕适用的地区更为广泛,推广速度也比免耕快。

近年来,陕西省农科院在合阳试区研究成功的"旱地冬小麦高留茬少耕全程覆盖技术",经试验,可为冬小麦提供300~400 毫米的水分,使降水利用率提高到 13.5~17.25 千克/毫米·公顷。该项技术的操作要点是:在收获冬小麦时高留茬20~25 厘米,不耕地,每 667 平方米(1 亩,下同)均匀地覆盖麦草 500~750 千克。并在 6 月底至 7 月上旬,在土壤墒差时,用碌碡碾 1~2 遍,压扁麦茬,碾实麦草。休闲期若有杂草发生,应用除草剂(如草甘膦等)除草。播种时,顺着地畦把覆盖的麦草、麦茬全部收成长堆,每 667 平方米撒施有机肥2 500千克,结合浅耕施二铵 25 千克、尿素 25 千克,随即耱平,机播冬小麦后再耱平,然后再将麦草均匀撒开,并拍打实在。出苗后喷氧化乐果防治叶蝉,以防传播红矮病。返青后,再喷一次氧化乐果,有杂草时拔除。适时收获,注意高留茬。收获后补盖麦草,务求全面均匀覆盖。连续覆盖 3~4 年后,深耕翻埋覆盖物,倒茬种其他作物。

在免耕方面,中国农业大学自 20 世纪 70 年代开始试验秸秆覆盖免耕技术,表现出明显的节水增产效果,在培肥土壤、省工、省时、节能等方面的效果也很突出。经在京、津、冀、鲁、豫、晋等省市大面积推广应用,夏玉米一般年份可比常规耕作增产 10%~20%,干旱年份增产幅度更大,省工、省油 50% 左右。本项技术由铁茬直接播种、化学除草和覆盖秸秆三个主要环节组成。其机械化作业程序是:①联合收割机收获小麦后,用秸秆粉碎机粉碎秸秆并铺撒于地面。如果用装有秸秆粉碎装置的联合收割机(割茬高 < 25 厘米),可免去这项粉碎铺撒作业。②采用大连农牧机械厂生产的 ZBQM-6A 原茬免耕播种机或原北京农业工程大学研制的 2BQMY-4A 型压轮式精量播种机直接播种,同时施入种肥。③播后用悬挂机动喷药机喷施除草剂。

三、山地水平沟耕作法

此法又称套犁沟播,主要适用于 25° 以下坡度的耕地,以 15°~25° 最宜,可种玉米、高粱、马铃薯、谷子、豆类等多种作物,也可播种冬小麦。其基本特点是:在坡面上沿等高线开沟,形成沟和垄,改变了坡地小地形,沟、垄相间,以垄拦截径流,以沟蓄水,拦泥保土,可起保水、保土、保肥和增加产量的作用。

具体作法是:沿坡地等高线开沟(陡坡自上而下,以免埋没垄沟,缓坡可自下而上进行),每耕一犁后,在原犁沟内再套耕一犁,形成深 22~25 厘米的垄沟。在套二犁同时施入底肥,将种子播在沟底(大粒种子如马铃薯)或垄的下半坡上(小

粒种子)。犁沟的宽度按所种的作物种类而定,一般为 40～
50 厘米,如宽窄行播种可加宽到 70 厘米左右。结合中耕培
土,可将垄上的土培到沟内作物根部,使垄变成沟,沟变成垄
(图 4-1)。

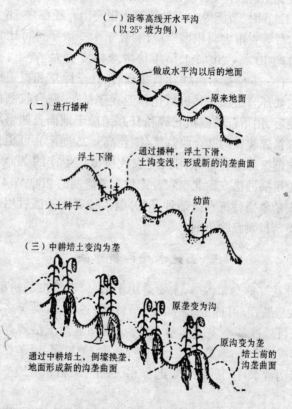

（一）沿等高线开水平沟
（以 25° 坡为例）

做成水平沟以后的地面

原来地面

（二）进行播种

浮土下滑

通过播种,浮土下滑,
土沟变浅,形成新的沟垄曲面

入土种子

幼苗

（三）中耕培土变沟为垄

原垄变为沟

原沟变为垄
培土前的
沟垄曲面

通过中耕培土,倒墒换垄,
地面形成新的沟垄曲面

图 4-1 山地水平沟耕作法

山地水平沟耕作法的优点:①可以在较陡的坡地上进行;
②因为犁沟较深,播下的种子可以接触湿土,容易出苗;③垄
沟相间可以起到蓄水拦泥、增加产量的作用。据绥德水土保

持试验站测定,一般可增产 20%～60%,减少泥沙冲刷23%～85%。

四、垄作区田耕作法

此法也叫垄沟带状区田。其特点是:在坡耕地上犁成水平沟垄,作物种在垄的半坡上,在沟内每隔一定距离作一小土挡,以蓄水留肥并防止发生横向径流。

具体作法是:在坡地下部沿等高线开犁,向下翻土。将肥料和种子均匀播在垄的上半坡上,然后回犁盖土,覆盖种子。随后空一犁,再耕一犁,继续按上法进行,空犁之处,形成了垄,犁过之处成了沟。最后在各条沟中每隔 1～2 米筑一些低于垄的小土挡,形成垄作区田(图 4-2)。沟垄深浅和距离,依作物种类而定,一般玉米、高粱、马铃薯等垄高约 15 厘米,垄间距 67 厘米;谷子、小麦等作物,垄间距应适当缩小。

据绥德水土保持试验站观测,在同样雨量情况下,垄作区田可比常规耕作法减少径流 77%,减少土壤冲刷量 88%,使马铃薯增产 8%～21%,谷子增产 77%。

垄作区田由于耙耱不便,蒸发又大,因而只适用于 20°以下坡地和年降水量 300 毫米以上的地区,还应特别注意保墒工作。

五、沟种耕作法

又叫垄沟种植法,适用于川、台、原、坝地、水平梯田、埝地(条田)。基本原理与山地水平沟相似,其特点是:沟深垄高而宽,多用于种植玉米、高粱等高秆作物,也可用来种植马铃薯(双行播种)、谷子和春小麦(宽幅播种)。

沟种耕作法的优点:把作物种在沟中的湿土上,发芽出苗

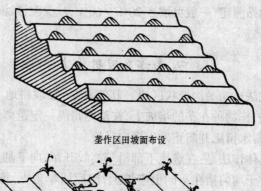

垄作区田坡面布设

垄作区田种植

图 4-2 垄作区田示意图

率比较高;遇雨时垄面集水于沟内,有利于根系吸收;沟垄互换位置,有利于生土熟化及防风抗倒。在半干旱地区采用沟种耕作法,产量往往倍增。

具体操作方法:根据地力和所播种的作物确定垄距,一般在 70～90 厘米左右。畜力开沟时,为保证垄距标准,要划线开沟,以保持行距相等,行间平行。机械开沟,可用特制的开沟犁进行。若用四铧犁开沟,可摘去中间两铧,一次开两沟,垄距 90 厘米,沟深 24～30 厘米。还可采用专门的垄沟种植机具,实行开沟、施肥、播种、覆土、镇压连续作业,减少作业工序,提高作业质量。在作物间苗、定苗后,随即浅锄,中耕破垄。拔节后用畜力进行深中耕,结合追肥培土,进行"倒壕换垄",沟、垄互换位置,以防作物倒伏,使作物种在沟里,长在垄上。

六、抗旱丰产沟耕作法

此法也叫蓄水聚肥改土耕作法,是在"坑田"和"沟垄种植"的基础上发展起来的。在旱原、梯田、坡地上应用,均取得了显著的增产效果,其增产幅度一般为 20% ~ 100%。采用抗旱丰产沟,造成地表沟、垄交替的凹凸微地形,有利于拦蓄地表径流,防止水土流失。沟内熟土层厚度深达 50 厘米左右,结合沟内集中施肥,改土培肥效果明显,改善了土壤结构,增强了土壤的蓄水保水能力。

采用丰产沟耕作法应注意选择适宜的耕作时间及使用周期。适宜的丰产沟开挖时间是依照土壤的蓄水与保墒的基本原理确定的。一般除冬季土壤冻结无法进行外,春、夏、秋三季均可进行耕作。春季以土壤解冻后至播种前 20 天以内为宜,夏季以小麦收获后至 8 月中旬以内为宜,秋季以秋收后至土壤封冻之前为宜。一般在耕作前将有机肥和用作底肥的化肥均匀地撒到地面,以便使土肥相融,起到聚肥的作用。

适宜的耕作周期是根据生土垄熟化程度来决定的。一般耕作一次可连续种植利用 2 ~ 3 年。持续一个耕作周期后,应重新进行开挖丰产沟作业。

丰产沟耕作的操作方法可分为人工作业、人畜配合作业和机械化作业 3 种。

(一)人工作业

人工开挖丰产沟操作如图 4-3 所示。其作业步骤是:

第一,先从坡耕地下方地边开始,沿等高线将 33.3 厘米宽的表土翻到地的上方,形成一条沟;

第二,在沟内再向下挖一锹深,33.3 厘米宽,挖出的生土

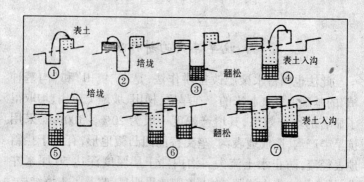

图4-3 抗旱丰产沟人工操作示意图

在沟下方作一土垄；

第三，沟内深翻一锹；

第四，将堆存在沟上方的表土填入沟内，完成第一种植沟；

第五，第一种植沟上方33.3厘米宽生土翻一锹，再从其上方取33.3厘米宽、一锹深的生土翻到其下方翻松的生土上，培起第二道土垄，开出第二种植沟；

第六，取土后的第二沟再深翻一锹；

第七，将其上方66.6厘米宽表土翻入第二种植沟内。

此后按上述做法依次挖沟培垄，完成667平方米约需工10个。此法用工较多，劳动强度大，适合地少人多，劳力较充裕地区。

（二）人畜配合作业

用山地步犁从地边以内20厘米处耕二犁，人工辅助翻到地上方开出第一沟。沟内套耕二犁，人工翻土到地边，加高边埂；沟内再耕二犁，把底土翻松；第一沟内侧耕四犁，人工辅助用锹、耙把表土翻入第一沟，完成第一种植沟。表土以下生土套耕四犁,并将上方二犁生土翻到下方二犁上培起生土垄,即完成一沟一垄。如此依次挖沟培垄,一牛七人每天可完成0.1~0.133公顷,比人工操作法提高工效1~1.5倍。

(三)机械化作业

人工开挖丰产沟用工多,劳动强度大,难以大面积推广。机械作业工艺是用铁牛-55或上海-50等中型轮式拖拉机牵引丰产沟耕作犁,按丰产沟基本尺寸一次完成深耕种植沟、培起生土垄、二倍熟(表)土和肥料翻入沟内、对沟内土壤镇压等一系列工序。机械化作业功效可比人工开挖提高100~300倍,作业成本降低80%左右。

山东临沂县农机局、科委研制的LF-450型丰产沟耕作机犁,具体作业程序是:先在上一次作业留下的深沟左侧,由前翻土器和后翻土器将深15厘米左右、宽60厘米左右的表土翻到沟内,然后用松土铲深松已经剥离表土部分的右侧30厘米宽的生土,深松深度为15厘米,随后起土筑埂器将已剥离表土部分的左侧30厘米生土翻到右侧深松过的30厘米宽的生土上面,形成高出地面12厘米以上的生土埂,而在挖走生土的地方形成一条深30厘米左右、宽30厘米的沟;最后由第二深松铲将沟底的生土再深松15厘米,本耕作幅完成,为下一耕作幅的作业准备好条件。在下次作业时,两个翻土器将表土翻入上次留下的沟内,即形成种植沟。其他机型工作原理也基本与此相同。

七、蓄水覆盖丰产沟耕作法

蓄水覆盖丰产沟与抗旱丰产沟基本相同,只是增加了地膜覆盖,因而,增温保墒效果显著,增产3~4倍以上。蓄水覆盖丰产沟的基本单位为"耕作带",一条耕作带由一个"生土垄"和一个"种植沟"组成,每带宽 1.2 米,沟、垄各占 0.6 米。其基本特点可归纳为"阴土上埝,阳土回垫,水平深翻,肥料施足,地膜覆盖,保墒增温,抗旱早播,保证丰产"。

(一)操作方法

1. **坡耕地的工程规划** 开挖丰产沟的地块沿坡面每隔30～50 米修一水土保持地埂,同时依据降雨、地形、坡面长度安排 1～2 条排水沟。

2. **修地埂** 将要修丰产沟的旱坡地沿等高线划成 1.2米宽的水平带,从地块下部的第一带开始,在带的上半部开沟,沟宽 0.6 米,深 0.3 米。用挖出的土在下半部筑垄,垄底宽 0.6 米,高 0.3 米,呈"∩"型。

3. **填种植沟** 把挖出的第一条种植沟沟内底土松翻15～20 厘米深,将农家肥、化肥施入沟内,然后将上一带 1.2米宽、0.4 米厚的熟土全部填入沟内,完成第一条种植沟。

4. **培生土垄** 在无熟土的第二带上半部开沟,下半部筑垄,培起一道生土垄,在沟内翻松底土,施入肥料后再将第三带熟土填入第二带沟内,完成第二带。依次类推,至全部地块修建完成。

5. **作横土垱** 坡地由于地形复杂,耕作后的种植沟平整性差,因此要按种植沟的水平程度,在沟内每隔数米用耙刮一横土垱,使种植沟各区段小范围内保持水平。

6. **镇压保墒** 每做一条种植沟都要打碎土块,镇压踏实;每一条生土垄的内外都要踩实拍光,以减少蒸发,防止径流的产生。

7. **施肥** 新修丰产沟的施肥与修造同时进行,如 2 所述,在修造的过程中将肥料撒在沟底,填上熟土即可。已经修好一年后的丰产沟,在每年早春除去旧的地膜,刨茬、整垄后,用单畜犁在沟中开沟 0.2 米深,将肥料均匀撒在沟内,用锨深翻,并用耙子将地面耙平。

施肥量依作物计划产量而定,一般每 667 平方米施农家肥 3 000~4 000 千克;化肥用量为:播种玉米施纯氮 7.5~11 千克,磷(P_2O_5)6~8 千克;马铃薯施纯氮 3~5 千克,磷(P_2O_5)3.5~5 千克;小麦施纯氮 4.5~5 千克,磷(P_2O_5)3.5~6 千克。

8. 播种和覆膜 可以采用先覆盖地膜、破膜点种和先播种再覆盖地膜两种方式。覆膜采用半盖式,即盖沟不盖垄。沟内地面为拱圆型,表面拍光,使地膜与床土紧贴。膜边与垄底之间留 8 厘米宽距离以便渗水。玉米、马铃薯采用开窝点种,小麦采用手推点播机播种。

(二)适宜地区

蓄水覆盖丰产沟适宜于平川水浇地和山区旱地,而且干旱山区增产幅度大。但不适宜于山丘区土层浅的砂土地、透水地。丰产沟中的垄为永久性工程(作物收获后要修整拍实),比常规种植省时省工近一半。因而在 3 年的耕作周期中投工投时并不多。

八、半旱式耕作法

这是稻田的一种节水耕作方式。其要点是:一犁一耙,淹水做垄,垄距 50~60 厘米,垄高不得低于 23 厘米,做垄泥块尽量保持原有结构,垄面平整;做垄完毕,可及时在垄背两侧距 16.5 厘米错窝栽植(窝距:双季稻 9.9~13.2 厘米,杂交稻 16.5~19.8 厘米,常规中稻 13.2~16.5 厘米);施足底肥,适当增施速效氮,看苗补肥;灌排管理上,移栽至返青存活期,淹水必须过秧兜 1.6 厘米左右,从分蘖盛期开始直至成熟,必须只保持半沟水,让秧兜露出水面,进行半旱式生长。

水稻半旱耕作的后作栽培,可在原垄埂上实行免耕,种植小春作物如胡豆、小麦或油菜。在冬水田地区,小麦生育期中,可于垄沟留蓄浅水,以保持土壤结构和供给来年植稻的底水。垄沟水中可放置红萍和绿萍,以萍增肥,改良土壤和减少农业投资。

半旱式耕作法,具有省水、省肥、省种和增加作物产量的效果。特别对于深脚烂泥座兜田和大肥田的增产效果更为显著,并能抗旱缓洪,防止稻田隐匿侵蚀的危害。

第二节　覆盖保墒技术

农田覆盖栽培是广大旱区的一项聚水保墒抗旱增产技术。随着科学的发展,目前我国农田覆盖栽培(地膜覆盖和秸秆覆盖)面积和作物种类已跃居世界首位,用于农田覆盖的材料和覆盖方式也愈来愈多。现阶段,应用较多的农田覆盖类型主要有地膜覆盖、秸秆覆盖、化学覆盖、砂田覆盖、灰分覆盖、厩肥覆盖、熟土覆盖等。生产实践证明,覆盖栽培具有显著而稳定的聚水、保墒、增温作用,可以改善土壤理化性状,提高土壤肥力及其有效性,提高作物有效耗水比(蒸腾/蒸发),抑蒸减耗,节水抗旱,促进早熟和增产等,是一项高效利用水资源的抗灾、节水、高产措施。

一、地膜覆盖

据不完全统计,目前全国地膜覆盖栽培面积达 1000 多万公顷,地膜覆盖栽培的作物共 60 多种,包括小麦、玉米、棉花、花生、甘薯、马铃薯、甜菜、烟草、向日葵等大田作物和蔬菜、瓜类、果树等园艺作物。地膜覆盖已成为旱地农业的一项突出的增产技术。

(一)地膜覆盖的作用

1.保温增温作用　地膜覆盖使白天土壤蓄热增多,夜间失热少,可使北方地区和南方高寒地区地温提高2℃~4℃,增加作物生长期的积温,促苗早发,延长作物生长时间。

2.抑蒸保墒作用　覆盖地膜切断了土壤水分同近地表层空气的水分交换通道,可有效地抑制土壤水分的蒸发,促使水分在表层土壤中聚集,因而具有明显保墒提墒作用。据测定,地膜覆盖棉田播种后10天,0~40厘米土层含水量比裸地棉田增加12个百分点;30天时0~50厘米土层失水量比裸地少34.6%。

3.改善作物群体中下部的光照条件　据测定,晴天地上15厘米处,由于地膜光照反射率高,地膜覆盖作物中下部叶片的光照强度要比裸地高3倍,对促进中下部叶片的光合作用十分有利。在果园还可促进果实着色,改善果实品质。

4.改善土壤理化性状　地膜覆盖能有效防止土壤风蚀和雨水冲刷,减少耕作作业,因而与裸地相比,土壤孔隙度增加,容重减少;土壤固相减少,液相、气相增加,使土壤保持良好的疏松状态;增强土壤微生物活动,有机物矿化加快,有效养分增加。据山东省农科院测定,地膜覆盖区速效氮量比裸地区增加28%~50%。

5.减少耕层土壤盐分　在盐碱地覆盖地膜可抑制返盐,减少盐分对作物的危害。据杜俊章在山西高粱地试验,0~5厘米、5~10厘米和10~20厘米土层中,覆膜区土壤含盐量比不覆膜区分别下降77.4%,77.7%和83.4%。

6.提高作物产量和水分利用效率　由于覆盖使农田生态条件改善,有利于出苗早、全、匀、壮,促进作物地上部和根系发育,因而具有良好的节水增产效果。各地生产实践证明,地膜覆盖的作物一般比裸地增产 20%～50%,水分利用效率提高 30%～100%,高者可成倍增长(表 4-1)。

表 4-1　地膜覆盖栽培的节水增产效果

地　区	作　物	覆盖方式	增产(%)	水分利用效率提高(%)
山东旱地	冬小麦	前期覆盖	30～45	60～100.5
甘肃旱地	春小麦	全期覆盖	30～50	90～202.5
东北高寒地区	春玉米	全覆盖	66～100	67.5～112.5
北　京	夏玉米	全覆盖	17～36	135～180
陕西黄土高原	小麦-玉米间套	冬前盖麦-春盖玉米	12～19	30～48
新　疆	棉花(清种)	全覆盖	19～56	67.5～94.5
河　南	棉花(套种)	棉垄覆盖	18～32	45～78

(二)地膜覆盖的方式

地膜覆盖的方式因当地自然条件、作物种类、生产季节及栽培习惯而异。可根据覆盖位置、栽培方式等进行划分。

1.根据覆盖位置划分

(1)行间覆盖　即把地膜覆盖在作物行间。这种覆盖方式又分为隔行行间覆盖和每行行间覆盖两种。隔行行间覆盖是将作物行间按覆膜带与裸露带相间分布的方式安排,即每一个覆盖的行间,紧接着是一个裸露的行间;每行行间覆盖是在每个播种行的行间都覆盖一幅地膜。

(2)根区覆盖　即把地膜覆盖在作物根系分布的部位。此种覆盖方式又分为单行根区覆盖和双行根区覆盖两种。单行根区覆盖是每一播种行覆盖一幅地膜;双行根区覆盖是一幅地膜覆盖两个播种行和一个行间。

2.根据栽培方式划分

(1)平作覆盖 此种方式不用筑垄做畦,直接将地膜覆盖在整好的土壤表面,膜两侧边 10~15 厘米压埋在土床两侧的沟内。铺膜时只在土床两侧开出埋膜沟,不大量翻动土壤。生产上多采用膜内两侧平作双行播种,一般窄行 33~40 厘米,宽行 60~66 厘米,地膜覆盖在窄行的两行作物上。

(2)畦作覆盖 这种方式有平畦覆盖和高畦覆盖两种。我国南方地区多采用高畦覆盖,畦面中央部位稍高于畦面两侧,土床断面形状多为梯形和圆拱形,特殊要求的有"屋脊形"。用地膜把宽度小于膜宽 30~40 厘米的高畦包封起来,膜两侧边分别压埋于畦两侧的沟内。畦上种植 2 行或多行作物。

(3)垄作覆盖 我国北方地区多采用垄作。生产上多为一垄上覆盖两行作物,也有垄作单行覆盖的。由于垄的高度不同,又可分为高垄双行覆盖和低垄双行覆盖。低垄双行覆盖一般采用宽窄行种植,在窄行上筑垄,垄高 6~10 厘米,垄宽 66~80 厘米,垄上覆盖薄膜,每垄上种 2 行作物,此方式适于雨量较少地区旱地和水源不足的灌溉地区应用;高垄双行覆盖的垄较高,约 16 厘米左右,其他方面同于低垄双行覆盖,适于雨量较多的湿润地区、下湿地和水源充足的灌溉地区应用。

(4)沟作覆盖 包括平覆沟种和沟覆沟种两种方式。平覆沟种是在播种前开沟,沟深约 7 厘米,沟宽 12 厘米左右,播种于沟内,然后把地膜覆盖在沟上,此方式适于半干旱地区的旱作田或水源不足的灌溉田。沟覆沟种是在播种前起垄造沟,一般垄高约 15 厘米左右,垄宽约 65 厘米,两垄之间的沟底宽 80 厘米左右,播种前在沟内灌水压碱,在沟内播种,然后在沟内覆盖地膜,此方式适于在有灌溉、排灌条件的盐碱地区应用。

(三)地膜覆盖栽培的技术要点

1.精细整地,施足基肥 整地质量直接影响地膜覆盖的效果。精细整地除保证覆膜完整严密,保墒增温,还可破坏土壤上层毛细管,减少耕层水分散失,为种子萌发提供充足水分。农田前茬作物收获后要及时翻耕,耙耱整平,达到表土细平、土碎、墒足、无根茬。在地膜覆盖下,由于土壤有机质分解加快和作物根系活动增强,需要从土壤中吸收较多的矿质营养,因此,在土壤耕翻时,应施足基肥。施肥量根据土壤肥力及作物而定,一般每 667 平方米施农家肥 3 000 ~ 4 000 千克,同时合理搭配氮、磷、钾肥。作物生长中后期,还应及时追肥,以防脱肥早衰。

2.喷施除草剂 采用地膜覆盖的农田,膜下容易滋生杂草,特别是多雨低温年份,易形成草荒,与作物争水、争肥、争光照,且易破坏地膜,影响覆盖效果。所以在做垄后、盖膜前,要选择适宜的除草剂,按照要求的计量和稀释浓度,喷洒地面。除草剂应选择除草效果高、毒性低、残留期短的药剂。

3.覆膜 整地、起垄、喷洒除草剂后应立即覆膜。覆膜分机械覆膜和人工覆膜。机械覆膜效率高、质量好、均匀、节省地膜,在大面积覆膜作业中应广泛推广应用。覆膜时,要求将地膜拉展铺平,使地膜紧贴地面、垄面或畦面,地膜的两侧、两头都要开沟埋入土中,要压紧、压严、压实,使膜面平整无坑洼,膜边紧实无孔洞。然后再在膜面上每隔 1.5 米压一土堆,每隔 3 米压一土带,以防风吹揭膜。

4.播种与定植 播种与定植的时间、方法和质量,关系到出苗早晚和缓苗速度,是地膜覆盖的主要技术环节。地膜覆盖的春播作物的播期，原则上应在晚霜前播种，晚霜后出苗或放苗，一些耐寒作物可以适当提早。但由于盖膜后播种至出苗的时间大大缩短，出苗期较早，所以播种不能过早，以防霜冻危害。播种定植过晚则浪费光热资源，耽误农时。因此，应根据不同地区、不同作物和地膜覆盖的特点，选择适宜的播期和定植期。播种方式有条播和穴播两种。一般条播是先播种后盖膜，穴播是先盖膜后播种或移栽。若先播种后盖膜，一般到出苗期进行打孔破膜放苗；先盖膜后播种，要先按株行距在膜面上开直径 4～5 厘米的圆孔或十字形口，然后再播种定植；若采用覆膜播种机械，可同时完成覆膜、打孔、播种等多项工序。

5. 田间管理　在播种或定苗后，覆盖田间的地膜常因刮风、下雨和田间作业遭到破坏，影响覆盖效果。因此，在田间管理时，应注意不要损伤地膜，还要经常检查，发现有破口的地方要用湿土封压严实，以防止风吹揭膜。在先播种后盖膜的农田，出苗后应按照适宜的株距及时打孔放苗，并用土封住孔口；先盖膜后播种的田块，播种后遇雨易形成板结，应及时破除播种孔的硬塞，以利幼苗出土。幼苗出土后，应根据不同的作物，在适宜的时期间苗、定苗，保证全苗。地膜覆盖的作物，往往容易发生前期徒长、后期早衰现象。因此，在生育前期要注意控水蹲苗，促进根系生长，在生长中、后期要注意灌水追肥，防止脱肥早衰，促使作物早发、稳长、不早衰。生育期内，还要注意及时中耕除草，防治病虫害。

6. 残膜清除　作物收获后，要及时拣净、收回田间的破碎地膜，以免污染土壤，影响下茬作物生长发育。目前，光解膜的普遍应用，为覆膜生产提供了较理想的材料选择。光解膜经太阳光照射后可逐步分解，最终转化为二氧化碳和水，可避免对农田生态环境的污染。另外,我国近年来还研制出草纤维膜、纸膜等新型覆盖材料品种,具有易于腐解、无污染的特点,今后随着生产工艺的改进和生产成本的降低,无疑具有巨大的推广前景。

二、秸秆覆盖

(一)秸秆覆盖的增产原理

1.调节气温　农田用秸秆覆盖后,由于覆盖层对太阳直接辐射和地面有效辐射的拦截作用,使覆盖地冬季温度偏高,生长季节温度偏低。据中国农科院农业气象研究所测定,麦田 5 厘米地温,冬季秸秆覆盖地偏高 0.5℃~1.9℃,冻土层厚度比对照浅 5 厘米左右,解冻日期提前 10 天左右,冬小麦返青早 4~5 天。春季秸秆覆盖地偏低 0.8℃~2.1℃,尤以返青至拔节末期较为明显,而后随着叶面积指数增长,郁蔽度加大,秸秆覆盖对土温的影响越来越小。秸秆覆盖对春玉米地土壤温度的影响特点是生育前期较大,生育后期较小。

2.改善农田水分状况　农田覆盖一层秸秆,一方面可使土壤免受雨滴的直接冲击,保护表层土壤结构,防止地面板结,提高土壤的入渗能力和持水能力;另一方面可以切断蒸发表面与下层土壤的毛管联系,减弱土壤空气与大气之间的乱流交换强度,有效地抑制土壤蒸发(表 4-2)。据试验,冬前覆盖秸秆的麦田,冬小麦收获后 0~200 厘米土层的土壤含水量比对照平均高 1.43%,其中 80 厘米以下土层的土壤含水量比对照高 2.1%~2.3%;春玉米免耕秸秆覆盖,0~50 厘米土层的土壤含水量比对照高 0.5%~4%,而且秸秆覆盖二年的土壤含水量又高于覆盖一年的。

表 4-2　秸秆覆盖对土壤蒸发的抑制作用

| 处　理 | 土壤蒸发量(毫米) | | 土壤蒸发抑制量 | 土壤蒸发抑制率 |
	秸秆覆盖	对照	(毫米)	(%)
冬麦夏闲期	39.7	107.9	68.2	63.2
秋田冬闲期	49.8	95.0	45.2	47.6
春麦田休闲期(封冻前)	92.4	127.4	35.0	27.5

3.培肥地力　秸秆覆盖是实现秸秆还田,增加土壤有机物投入的方式之一。多年连续秸秆覆盖还田,有利于土壤有机质的积累,使土壤肥力提高。据中国农科院土壤肥料研究所在晋东南黄土区测定,石灰性褐土连续秸秆覆盖两年后,0~20厘米土层的有机质含量增加0.1~0.15个百分点。原北京农业大学在黄淮海平原试验,砂壤质河潮土的有机质含量,试验前为0.88%,连续覆盖秸秆(糠)4年后,土壤有机质含量逐渐增至1.06%,比不覆盖的对照(有机质含量0.82%)增加0.24个百分点;中壤质河潮土,试验前土壤有机质含量为0.94%,连续覆盖秸秆4年后逐渐增至1.17%,比对照的1.09%增加了0.08个百分点。两种土壤的有机质含量平均每年增加0.02~0.06个百分点.

秸秆覆盖还具有提高土壤养分含量的作用。据试验,连续秸秆覆盖两年后,0~20厘米土层的全氮含量比不覆盖秸秆的增加0.007~0.013个百分点,碱解氮增加3~13毫克/千克,速效磷增加6~12毫克/千克。放射性^{32}P和^{14}C示踪试验结果,冬小麦生育期覆盖麦秸4500千克/公顷,连续覆盖两年以上,土壤全氮含量比不覆盖的增加10.9%,全磷增加8.91%,水解氮、速效磷和速效钾也分别增加40.97%,56.75%和114.20%。

4.提高水分利用效率　由于生育期覆盖对棵间土壤蒸发有抑制作用,因此农田生理生态需水与对照有显著的差异。试验结果表明,覆盖农田的耗水特点是,棵间土壤蒸发量减少,叶面蒸腾量相应增加,其总耗水量与对照无明显差异,所以秸秆覆盖有促进蒸腾,提高水分利用效率的作用。据田间试验资料计算,覆盖麦田全生育期蒸腾量比对照增加15%,春玉米田覆盖的比对照增加10%;覆盖地小麦增产867千克/公顷,覆盖地玉米增产2 008.5千克/公顷,水分利用效率分别提高3千克/(毫米·公顷)和4.65千克/(毫米·公顷)。

(二)秸秆覆盖的技术要点

1.覆盖材料　秸秆覆盖是采用农业副产物(茎秆、落叶、糠皮)或绿肥为材料进行的农田覆盖。在一般情况下,大田作物的秸秆覆盖材料多用麦秸、麦糠和玉米秸。农田覆盖秸秆的用量以把地面盖匀、盖严但又不压苗为准,每677平方米覆盖量从250千克到1 000千克不等,应酌情掌握。一般来说,农田休闲期间秸秆覆盖量应该大些,作物生育期间秸秆覆盖量应该小些;高秆作物覆盖量应该多些,矮秆密植作物覆盖量应该少些;用粗而长的秸秆作覆盖材料时,覆盖量要多些,用细而碎的秸秆作覆盖材料时,覆盖量要少些。

2.覆盖方法　根据覆盖的时期划分,秸秆覆盖有休闲期覆盖、生育期覆盖和周年覆盖三种类型。

(1)生育期覆盖　生育期覆盖是指在作物生长期内进行的覆盖。覆盖的时间和方法依作物而异。冬小麦田可在播种后(必须在出苗前)、冬前(小麦开始越冬后)和返青前覆盖,以冬前覆盖最好。每公顷覆盖量为3 750~4 500千克。覆盖时必须把秸秆均匀地撒在地面上,力求避免厚薄不匀。如要追肥,可在覆盖秸秆前每公顷耧施尿素150千克左右,并将地面耱平。小麦成熟收获后将秸秆翻压还田。

春播作物生育期秸秆覆盖的时间,玉米以拔节初期(小喇叭口)、大豆以分枝期为宜。覆盖秸秆前,结合中耕除草,每公顷追施尿素 75~150 千克,然后用麦秸 4 500 千克或粉碎的玉米秸 5 250~6 000 千克,均匀地覆盖在棵间或行间。成熟收获后将秸秆翻压还田。

夏播作物生育期覆盖方式,最好是在小麦收割时适当留高茬 15 厘米左右,夏播作物带茬播种,待出苗后,结合中耕灭茬,把根茬覆盖棵间或行间。

(2)休闲期覆盖 即在农田休闲期进行的秸秆覆盖,用于抑制休闲期的土壤水分蒸发。主要应用于冬小麦等秋播作物的夏闲期覆盖。操作方法是在麦收后及时翻耕灭茬耙耱后,随即把秸秆均匀地覆盖在地面上。覆盖材料以麦糠或粉碎成 20 厘米左右的麦秸为宜,覆盖量为 5 250~6 750 千克/公顷。于小麦播种前 10~15 天把秸秆翻压还田,结合整地每公顷深施尿素 450 千克、磷肥 600 千克。

(3)周年覆盖 系指农田全年内连续覆盖秸秆,以达到节水增产效果。冬小麦周年覆盖一般于农田夏休闲初期耕作后进行,覆盖量为 3 000~5 000 千克/公顷,于冬小麦播前翻压;播后至越冬前继续覆盖同量小麦秸秆直至收获。春玉米于上年玉米收获秋耕后,每公顷用 4 500 千克左右玉米秸秆覆盖,翌年春播前整地或免耕时去掉覆盖物,播后再覆盖好,直至玉米收获。

第三节 抗旱播种与保苗技术

一、垄沟播种

　　垄沟播种应用的开沟工具是耢子,其两面翻土的耢镜可以把旱地表面的干土转移到垄背上,使湿润的深层土壤接纳种子。耢子开沟深度可达 7～8 厘米,并通过适当的工具(抹弓子或双砘子)覆土,一般厚度为 2～4 厘米,做到深耢浅盖,有利于保苗和壮苗。耢种可以根据需要进行一次或两次镇压,如果土壤较湿,覆土作业采用"抹弓子＋单砘子",如果土壤较干则采用"双砘子＋单砘子"。双砘子覆土时进行第一次镇压,而单砘子用于再次镇压。双砘子镇压面积小,镇压较重,是种子区的局部镇压;单砘子面积较大,镇压较轻,是对整个松动的播种沟的镇压。耢播结束后,地面形成垄状地形,作物前期生长在垄沟里,干旱季节少量降水即可汇集沟中供幼苗利用。以后通过逐次中耕培土,到雨季来临前变沟为垄,作物生长在垄上,既可排水防涝,又可防止倒伏。

　　机械化沟播种植技术是在传统沟播种植的基础上,采用复式作业的先进沟播机,一次完成开沟、施肥、播种、覆土、镇压等数道作业工序,可以满足沟播栽培的深开沟播种、浅覆土、侧深位集中施底肥、播后适度镇压的要求。目前华北地区应用较广、性能构造及作业质量较好的主要机型是2BFG-6(S)型谷物施肥沟播机,配套动力为 8.8～11 千瓦的小型拖拉机,可用于小麦、大麦、谷糜、高粱、玉米等作物的沟播。

二、提墒播种

在我国北方地区,秋耕过的春播旱地,由于土壤疏松,跑墒漏墒严重,常影响春播。进行作物播前播后镇压,可以起到改善土壤结构,调控土壤水分的作用。由于镇压创造了上松下实的耕层结构,在春季干旱多风条件下,能够抑制汽态水的蒸发损失,同时可以调动耕层以下的水分不断向上运移,因而具有提墒保墒作用,有利于作物抗旱增产。据试验,播前镇压可提高土壤含水率3%左右,谷子出苗率提高21.9%,高粱提高40.5%;镇压可使旱地作物产量增加10%～30%。

播前播后镇压应当根据具体情况,灵活运用。对土壤较干,坷垃较多的地要早镇压、重压,必要时应压两遍或多遍;轻质砂土应在潮湿时压,干时压反而效果差;低洼地、盐碱地不宜镇压;土壤过分干燥,耕层内墒情很差,单靠镇压解决不了问题时,要辅以灌溉措施。

三、抢墒播种

抢墒播种是在农作物适宜的正常播期之前,根据土壤墒情及时早播的技术。由于春天风大干燥,土壤失水较快。提早播种,使种子在下种层土壤未被吹干前完成发芽、出苗,可提早成株覆盖地面,减弱地面风蚀和太阳照射,减少土壤水分散失。有的地方采用顶凌播种,即在土壤昼消夜冻时播种,种子可利用解冻时的水分,发芽生长。当地表干土层达3～4厘米厚,耕层土壤含水量在10%以上时,为了避免失墒,可在适宜播种期之前10～15天趁墒早播。对谷子、高粱等旱作物抗旱增产效果很好,一般年份较晚播者可增产10%以上。如果结合播前和播后镇压,效果更佳。

目前,已发展了顶凌地膜覆盖栽培技术,通过提墒、增温,实现提早播种。抢墒播种对于春小麦、春大麦、蓖麻等耐寒作物较适宜。

四、坐水播种

坐水播种技术适宜在任何由于春旱严重,造成无法按时播种,或由于土壤墒情差,作物出苗率低,从而影响全年产量的地区。所谓坐水即是在每个种子坑中注水,以满足种子发芽需要。

采用坐水播种技术需要注意以下几个关键事项:首先,应该优先选择离水源较近的地块,后选择离水源较远的地块;优先选择较肥沃的地块,后选择肥力较差的地块;尽量选择玉米、甘薯等适合穴播的高产作物。其次,为了节水,应尽量采取穴播方式,坐水的水量要充足,以玉米为例,每穴注入 1 升水大约可以维持 40～45 天不被旱死。再次,应该注意操作的程序,按挖坑或开沟、坐水、播种、盖土的次序进行。盖土应该湿土在下,干土在上,防止和泥成坯。最后,坐水播种的地块必须精耕细作,施足肥料,以充分发挥该技术的增产潜力。

过去,坐水播种由人工完成,劳动强度大,生产效率较低。现在,国内外旱区已开始推广应用抗旱坐水播种机械,劳动效率大大提高,且可节水 40% 左右。吉林省利用自行研制的 2BFS-2 型坐水单体播种机,实行机械化一条龙坐水播种技术,可一次性完成开沟、施水、播种、深施肥、覆土、镇压等六道工序。每公顷施水量一般为 15～30 吨。试验示范表明,坐水种具有抗御干旱、适期播种、提高播种质量、促进作物早熟的特点。能达到苗齐、苗壮,保苗率达 95% 以上。玉米可增产16% 左右。

五、育苗移栽

在水源紧缺、播种期易出现严重旱灾条件下，在靠近水源的地方可以建立苗床，进行育苗准备，待下过透雨以后实行趁雨移栽。禾谷类作物移栽最容易成活的是高粱，其次是谷子，再次是玉米。为了使移栽时期赶上雨季，育苗时间不宜过早，华北地区一般应在6月上旬以后。

育苗移栽的优点：一是因在苗床上覆盖塑料薄膜，提高地温，可使春播作物(如棉花)比露地直播的播种期提早10天左右，加上用营养钵育苗和精心管理，可培养壮苗；二是苗床面积小，育苗期用水量少，便于寻找水源；三是移栽时间比较灵活，可根据降雨情况适当调整；四是成熟期提早，比直播增产。有的作物(玉米、高粱)移栽后，表现茎秆矮壮、根茎发达特征，利于抗旱、抗涝、抗倒伏。

育苗移栽方法，一般有苗床育苗、地边密播育苗和营养钵育苗等。苗床育苗要抓好育苗、移栽和管理三个环节。苗床播前要浇足底墒水，增施农家肥，播种后苗期不再浇水。移栽时要掌握适当苗龄，根据经验，棉花一般以2~4片真叶为宜，高粱、玉米如采用不带土移栽，以30~40日龄幼苗更容易成活。移栽后2~3天浇缓苗水，及时锄地，防止板结。

六、贮水营养载体播种

贮水营养载体播种保苗法，是山西省农科院旱农中心为解决作物播种期土壤缺墒，难以出苗或保全苗的生产问题，最新研究成功的一项新技术。贮水营养载体采用秸秆模塑方法合成，饱和持水量可达400%以上，且能较长时间浸水不散，具有较高强度。抗旱播种时，可先把种子播入载体，载体吸水,种子萌发后一同播入大田,这时种子利用载体中的水分,已形成一定量的根系,具有较强的抗旱能力,能在低含水量土壤中维持生活,一旦遇雨,幼苗便会迅速生长。同时,载体播种采用稀穴密株种植方式,每个载体可供3～5株作物萌发出苗,加大穴间距,为以后抗旱补水灌溉创造条件。

七、洞灌抗旱保苗法

春季作物出苗后,如遇较长时期干旱,严重影响作物生长发育,应进行人工洞灌法抗旱保苗。具体做法是:在幼苗根部附近用直径2～3厘米的尖头木棒,由地面斜向根部插一20～30厘米深的洞穴,然后在洞内灌水1～2升左右。待水渗入后,用干土将洞口封闭,以减少蒸发。此法可以缓和旱情,使作物度过旱期,免于失收。

另外,抗旱播种保苗还应注意精选良种,做好种子发芽试验,结合种子包衣、浸种、催芽等措施,确保播种质量,争取苗齐、苗全、苗壮。还应配合采取其他蓄水保墒耕作措施,如秋深耕、耙耱、中耕除草以及地膜和秸秆覆盖等。

第四节　生物节水技术

一、合理轮作

实行合理的轮作制,利用不同种类作物间的互利性和互补性,可达到均衡利用土壤养分和水分的目的,这一点对于土壤肥力低下、水分供应不足的旱作农区显得尤为重要。中国科学院水土保持研究所在固原的试验结果表明,轮作地无论是在干旱年型、平水年型或丰水年型,作物产量和水分利用率

显著高过连作地。轮作小区的 3 年总产量比连作区提高
755.7～2279.2 千克/公顷,增产幅度为 40%～120.8%;总产
值增加 332.8～612.2 元/公顷,提高 22.4%～45.1%;总耗水
量增加 5.95～72.06 毫米,水分利用效率提高 27.6%～
101.2%。

大量研究和生产实践证明,将豆科作物、绿肥、油菜等养
地作物纳入旱地轮作制,可起到培肥改土作用,增产效果明
显。表 4-3 列出我国北方旱地主要轮作模式,可供各地农业
生产参考应用。

表 4-3　北方旱地主要轮作模式

类　型	轮　作　模　式	分布地区
粮田轮作	大豆→高粱(或玉米)→谷、糜	东北
	大豆→玉米→春小麦(或高粱)→春小麦	东北
	春小麦→马铃薯→大豆→春小麦	甘肃武威灌溉地
	大豆→谷子→马铃薯→糜子	晋西,内蒙古昭盟、哲盟
	豌豆→春小麦→荞麦(或燕麦)→马铃薯→谷、糜	甘肃中部
	春小麦→豌豆→燕麦→休闲	青海湟源
	豌豆→春小麦→春小麦→马铃薯→春小麦→谷、糜	宁南
	豌豆、扁豆→小麦→小麦→小麦→谷、糜、荞麦	陇东、渭北
	小麦→谷、糜→春玉米→小麦→绿豆	山西
	小麦→小麦→小麦→谷、糜→马铃薯	陕北
	玉米‖大豆→小麦/玉米→谷→马铃薯	晋东南

类 型	轮 作 模 式	分 布 地 区
粮经轮作	胡麻→春小麦→春小麦→春小麦→豌豆→春小麦	山西北部
	胡麻→荞麦→燕麦→豌豆→春小麦	甘肃中部
	胡麻→休闲→春小麦	内蒙古后山
	豌豆→春小麦→春小麦→青稞→燕麦→胡麻→休闲→春小麦	青海海东
	油菜→小麦→小麦→小麦→谷、糜→玉米	渭北
	春小麦→甜菜→豆类→玉米→玉米	内蒙古通辽
	春小麦→甜菜→春小麦(或谷、糜)→大豆	东北
	棉花→棉花→棉花→玉米→高粱→大豆	辽宁
	棉花→棉花→棉花→高粱→瓜类	新疆吐鲁番
草田轮作	苜蓿(5~6年)→春小麦→春小麦→胡麻→谷子+苜蓿	宁南
	苜蓿(5~6年)→油菜→小麦→小麦→谷、糜+苜蓿	渭北、陇东
	苜蓿(5~10年)→小麦(1~2年)→棉花(3~5年)	山西南部
	小麦‖草木樨→草木樨→玉米(或棉花)→豆类	新疆北疆
	苜蓿(5~8年)→小麦→小麦→棉花→玉米	新疆石河子垦区

注:→表示年间轮作;‖表示间作;/表示套种;+表示混作

在水土流失严重的耕种陡坡以及许多因土壤侵蚀被荒弃的土地,可推广粮草带状间轮作。其方法是:根据粮草轮作的设计要求,在坡面上沿等高线分带种植粮食作物和牧草,一面坡地至少要有二年生(4区轮作)或四年生(8区轮作)草带3

条以上。作物带和牧草带按轮作次序每年轮流更换,这样,在同一坡上便同时有不同生长年限的牧草带,既保持一定的拦蓄水土作用,又使每年供应饲料的数量得以稳定。中国科学院水土保持研究所在陕西安塞采用沙打旺、紫花苜蓿、草木樨与谷子及马铃薯进行带状间轮作,使土壤侵蚀量比裸地减少36.91%~55.32%,径流量下降8.86%~27.99%,并且单位面积的经济学产量显著高过单作田块。粮草带状种植适用于山地、丘陵区坡耕地和需要开垦的荒坡,在较陡的坡地上效果尤为显著。

二、优化作物布局

北方旱农地区,降水分布的基本特点是:春季少、夏秋多,干旱发生几率表现为:春旱 > 夏旱 > 秋旱。不同作物水分利用效率不同,作物产量高低取决于年内降水分布状况。根据我们的研究结果,不同作物种群的生产潜力具有显著的差异性,即:收获营养器官的作物如甘薯、马铃薯,其生产潜力高于谷类作物;C_4 作物如玉米、高粱等,其生产潜力高于 C_3 作物;与降水季节吻合较好的秋熟作物如谷子、糜子等,其生产潜力高于春播夏熟作物;谷类作物的生产潜力高于豆类;多年生豆科牧草优于一年生栽培作物(表4-4)。张锡梅研究也表明,黄土高原主要作物水分利用效率大小顺序依次为:黍、高粱、粟、玉米、豌豆、小麦、扁豆。

因此,在拟定作物布局方案时,应根据当地气候、土壤条件,根据各种作物的生态适应性和生产能力,因地制宜地扩大一些水分利用效率高、产量潜力大的作物的种植面积,减少一些耗水量多、产量低的作物。重点是压缩生育期与降水季节吻合性较差的夏熟作物,扩大生育期与降水季节分配吻合良好、雨热同季的秋熟作物。这样，即使在其他生产条件一时难以显著改善的情况下,也可有效地提高农田整体的水分利用效率。表 4-5 所列是若干旱农地区调整粮食作物配置比例的水分效益。

表 4-4　旱地主要粮食作物水分生产潜力、耗水系数和水分利用效率比较

（单位:千克/公顷,立方米/千克,千克/毫米·公顷）

项　目	甘薯	春玉米	马铃薯	冬小麦	春谷子	糜子	春小麦	莜麦
水分生产潜力	11794.5	8710.5	7590.0	6339.0	4693.5	4326.0	2971.5	1776.0
潜在耗水系数	0.39	0.41	0.63	0.67	0.89	0.88	1.11	1.07
水分利用效率	25.35	24.15	15.75	14.85	11.25	11.40	9.00	9.45

表 4-5　若干旱农地区调整作物配置比例的水分效益

地　区	项　目	小麦	玉米	谷糜	薯类*	其他	平均耗水系数
宁夏固原	耗水系数(立方米/千克)	4.39	—	2.33	0.94	4.01	
	现状种植比例(%)	50.6	—	24.1	3.7	21.6	3.68
	调整种植比例(%)	35.0	—	35.0	15.0	15.0	3.09
内蒙武川	耗水系数(立方米/千克)	5.55	—	2.82	5.02	—	—
	现状种植比例(%)	65.0	—	9.0	26.0	—	5.17
	调整种植比例(%)	55.0	—	30.0	15.0	—	4.72
陕西澄城	耗水系数(立方米/千克)	2.27	0.68	2.47	0.57	2.10	—
	现状种植比例(%)	62.0	—	2.0	—	26.0	2.16
	调整种植比例(%)	60.0	15.0	5.0	10.0	10.0	1.61

* 固原、武川为马铃薯,澄城为甘薯

根据旱区降水分布和干旱发生规律,西北农业大学海原旱农试区在"八五"期间,提出以"压夏扩秋,压麦扩经,压粮扩草"为特色的旱区作物布局优化方案,在宁南山区示范推广,将夏秋粮比例由6:4调整为4:6,经1993年、1994年两个极度干旱年份考验,生产性能稳定,粮食增产10%～25%,区域整体水分利用率提高25%～30%。河北张北试区提出:以莜麦为突破口,扩大莜麦面积,实现坝上粮食翻番新途径;建立人工草场—农田为骨干的复合型饲料饲草体系,以及春季油草混播和夏季麦草混播等人工种草技术形式,对坝上地区的粮、饲作物生产起到很大的促进作用。这些事实充分说明调整作物布局、改进种植制度对旱地农业发展的重要性。

三、建立节水型农业生产结构

考虑到旱区农田第一性生产力不足以扩大第二性生产,有限规模的农区畜牧业难以增进物质循环,地力衰退,致使系统生产力远未达到降水资源应能实现的生产潜力的客观实际,西北农业大学在宁夏的固原和陕西的乾县、澄城等地进行多年定位实验,以扩种生态适应性强、耗水系数低的多年生豆科牧草——紫花苜蓿为突破口,促进畜牧业发展。通过种植结构的调整,强化农牧结合,建立了富有旱区特色的生产结构体系。其中包括相宜比例的"粮—饲—经"的种植结构和"草—畜—肥—粮"的物质循环体系,使苜蓿所固定的生物氮连同大量的有机质通过畜牧业途径,集中地向农田转移,配合以磷、钾等沉积性矿质营养物质的添加,强化物质循环,增进肥力,提高了水分利用效率。建成与有限降水资源状况相适应的具有良好生态效益与显著社会经济效益的、性能稳定的旱地节水型生产结构体系。这一节水型生产结构,可以使有限量降水的潜在生产力,持续而又系统地转化为现实生产力。

在此以固原陶庄为例,说明节水型农业结构的综合效益。1982 年试点前,陶庄的"粮—饲—经"比例为 85:7:8。从 1983 年开始,大幅度增加饲草作物种植比例,到 1985 年种植结构调整为 67:24:9,1995 年调整到 55:27:18。由于饲草种植面积的扩大,加之畜牧业种群结构的相应优化,陶庄的畜牧业总存栏数由 1982 年 201.5 牛单位增加到 1995 年 477 牛单位。粮食单产由 472.7 千克/公顷上升到 2307.8 千克/公顷,农田水分利用率由 23.4% 上升到 64.1%,人均占有粮食由 135 千克增加到 410 千克。经济作物种植比例的提高,使耕地的生产效益迅速增加,加之畜牧产业发展带来的巨大经济效益,人均纯收入由 65 元增加到 1000 元以上(表 4-6)。

表 4-6　固原陶庄节水型农业结构的效益

年 份	总耕地 (公顷)	苜蓿生产		动物生产		粮食生产		水分 利用率 (%)
		面积 (公顷)	总产 (吨)	总数 (牛单位)	每公顷负荷 (牛单位)	面积 (公顷)	总产 (吨)	
1982	358.2	19.0	40.6	201.5	0.561	265.5	125.5	23.4
"六五"	358.2	61.6	278.8	299.3	0.833	253.5	278.8	44.8
"七五"	337.1	99.5	391.7	442.0	1.323	214.7	391.7	58.5
"八五"	323.9	87.9	442.2	505.6	1.575	185.1	420.2	63.1
1995	313.7	86.0	425.9	477.0	1.538	179.3	413.8	64.1

第五节　化学抗旱保水技术

化学抗旱保水技术是利用化学物质抑制土壤水分蒸发、促进作物根系吸水或降低蒸腾强度,从而达到抗旱增产之目的。与传统抗旱保水措施比较,化学制剂具有用量少、使用简便、作物反应快、经济效益高等特点,因而受到普遍欢迎。

一、保水剂

保水剂又称吸水剂,是具有较强吸水性能的高分子材料,吸收水分的数量相当于本身重量的几十倍、几百倍、甚至千倍。我国青海化工科研设计所在1986年研制成功了高效吸水剂,吸水速度快,吸水性能好,在干旱环境条件下,能将所含水分通过扩散缓慢渗出来,并具有反复吸水和释水的特性。

(一)保水剂的类型和特性

1. 保水剂的主要类型　根据合成的材料,目前各国生产的保水剂有3类:

①淀粉类:其代表为淀粉—丙烯酸盐接枝体。

②纤维素类:其代表为羧酸甲基纤维分子结合体。

③聚合物类:其代表为聚丙烯盐分子结合体,乙烯醇丙烯酸盐聚合体,聚丙烯腈水介物等。产品一般为直径0.8毫米以下,白色或淡黄色粉末,加工后可成片状、纤维状和液状。含水量在10%以下,水分散体呈中性。

2. 保水剂的基本特性

①高吸水性:吸水速度5分钟内达最大吸水量的80%以上,10分钟后接近最大吸水量。国外各种通用的保水剂在无离子水中的吸水率为290～590倍,最高可达5000倍。我国北京化纤所研制的SA吸水率可达350～590倍。在1%食盐中的吸水率,日本研制的一般为30～50倍;国产的SA保水剂为49～56.2倍。

②保水性强:保水剂吸水后溶胀成水凝胶,与水分子的亲和力相当大,保水性极强。据测定,所吸收的水分在加压情况

下仍可保持 10 ~ 100 天。

③吸水、释水的可逆性:保水剂吸水后缓慢释放水分,逐步收缩恢复原状后仍具有原来的吸水特性,可反复吸水、释水,反复使用数月。

(二)保水剂的功能

其一,有效地抑制土壤水分的物理蒸发,减少水分渗漏和地表径流,改善土壤水分条件。因而利于种子萌发和出苗,提高幼苗成活率。

其二,在土壤中掺入一定量的保水剂,由于吸水聚合物的吸水膨胀,使土壤体积增大,可调节土壤三相组成,具有改良土壤物理性状的作用。对于保水力差的砂土或砂壤土,它可以增加土壤液相组成比例,提高持水力;对于结构不良的粘重土壤,则可提高孔隙率,增加气相组成,改善土壤通透性,为土壤微生物活动提供适宜的环境。

其三,保水剂加入土壤后,在保蓄水分的同时,也保持了土壤中可溶性养分,减少养分淋溶和挥发损失,提高肥料利用率。

我国研制生产的 SA 吸水树脂保水剂,在内蒙古、新疆、山东、山西、陕西、河北、北京等地应用,增产率达 10% ~ 30%。中国农科院作物研究所用 SA-2 保水剂给甘薯苗根部涂层,成活率 98%,比对照提高 34%,增产 30.5%。另据中国科学院河南化学研究所报道,1982 年他们在陕县和汲县进行的飞机撒播造林试验,1 个月后调查表明,用保水剂混土造粒的林木种子保存率达 66.1%,而未经处理的纯种子保存率仅15%;经保水剂处理的幼苗存活率为 13.5%,每平方米成苗2.07 株,而未处理的幼苗成活率仅 5%,每平方米成苗 0.78株。·

(三)保水剂的应用方法

1. **种子涂层** 将保水剂与水在搅拌下形成一定浓度的水分散体,通常以 0.75% 和 1% 为好。再将种子与该分散体混合均匀,使种子表面形成一层薄膜(包衣),摊开晾干,播种。

2. **种子造粒** 先将种子置于 0.3% ~ 0.5% 保水剂分散体浸种,使种子表面有一定的粘性,再用 60 目以下的过筛土与 0.5% ~ 1%(占土壤重)保水剂掺合均匀成吸水土壤,然后将种子和吸水土壤按重量 1:2 的比例,用人工振荡或机械运转方法造粒。用于飞播造林、飞播种草中的种子造粒。

3. **根部涂层** 将保水剂按一定比例与水搅拌混合成凝胶状(保水剂与水的配制比例为 1:100 ~ 140),在作物、蔬菜、苗木移栽前进行根部涂层。

4. **与培养土混用** 将占培养土 0.3% ~ 0.5% 的保水剂,与干培养土混匀后即可浇水播种。用于大棚温室栽培、苗床及盆栽花卉等。

5. **土施** 直接撒施于播种沟或播种穴内,每公顷用量为7.5 千克。

二、抗蒸腾剂

据研究,作物根系吸收的水分,只有 1% 作为作物的细胞组成部分,99% 经由作物通过蒸腾进入大气。若采取有效措施抑制蒸腾,则干旱地区的水分紧张状况可大大减轻。美国研究指出,抗蒸腾剂可使土壤水分损耗减少 40% 左右。

(一)抗蒸腾剂的类型

抗蒸腾剂可分为气孔开放抑制剂、薄膜型蒸腾抑制剂和反射型蒸腾抑制剂 3 种类型:

①气孔开放抑制剂:包括黄腐酸、甲草胺、整形素等。

②薄膜型蒸腾抑制剂:包括乳胶、硅酮、石蜡等。

③反射型蒸腾抑制剂:如高岭土、熟石灰粉等。

(二)抗蒸腾剂的作用机理

由中国科学院河南化学研究所以风化煤为原料研制成一种新型的植物生长调节剂——抗旱剂一号,化学成分是黄腐酸(FA)。在全国二十多个省、市、自治区大面积推广使用,具有显著的抗旱增产作用。近年来生产上应用的旱地龙,其主要成分也是黄腐酸。作用机理在于:

1. 控制气孔开度,降低蒸腾强度　河南省科学院生物研究所测定表明,用黄腐酸喷洒小麦叶片,蒸腾强度在 3～7 天内低于对照,9 天的总耗水量较对照减少 6.3%～13.7%。

2. 促进根系生长,提高根系活力　试验结果表明,用 FA 拌种,对作物根系的生长发育有明显的促进作用。主要表现在根系发达,密度大。冬小麦越冬期单株次生根比对照多 3.3 条,总根重多 2.1 克,分别增加 54.1%和 23.9%。

3. 改善水分状况,提高抗旱能力　据测定,FA 拌种的小麦叶片含水率比对照增加 4.9%。另一方面,叶面喷施 FA,可有效地抑制气孔开度,降低蒸腾,作物耗水量减少,土壤水分消耗速度也相应减慢,土壤含水量比对照提高 0.8%～1.3%。

4. 叶绿素含量增加　小麦在拔节孕穗期受旱后,由于叶绿素含量下降,叶片发黄,而叶面喷施 FA,叶绿素含量明显高于对照,这有利于提高叶片的生活力和光合能力,增加干物质积累。

由于黄腐酸对作物地上部和地下部的生长均有刺激作用,因而具有显著抗旱增产效应和改善农产品品质的作用。据我们在宁夏固原试验,采用 FA 拌种或叶面喷施,可使旱地春小麦增产 21%～46.6%,胡麻增产 15.2%～24.9%,马铃薯增产 14.8%～15.1%。据甘肃敦煌国营农场试验,喷施 FA 可使甜瓜增产 10.1%～25.4%,每 667 平方米增收甜瓜 216.2～345.5 千克,且糖分含量增加 0.77%～1.47%。此外,大量研究表明,FA 对多种微肥和农药有明显增效作用。

(三)抗旱剂一号的应用方法

1.拌种 抗旱剂的拌种用量因作物而异。密植作物如小麦,种子:FA:水 = 50 千克:200 克:5 千克,即 FA 用量为种子量的 0.4%;稀植作物如玉米、瓜类,种子:FA:水 = 50 千克:100 克:5 千克,即 FA 用量为种子量的 0.2%。

拌种时,先按种子量的 0.2%～0.4%称取抗旱剂一号,并溶解在适量的清水中,配制成浓度为 2%～4%的棕黑色药液。然后将药液均匀地洒在种子上,搅拌均匀,随即堆闷 2～4 小时便可直接播种。如不能及时播种,应将种子摊开晾干,待播。若与农药配用,则应先拌农药,后拌抗旱剂一号。但需注意,抗旱剂一号不能与碱性农药配用。

2.喷施 喷施的抗旱剂用量,小麦、谷子、瓜类等为每 667 平方米 40～50 克;玉米、花生、棉花、甘薯等为每 667 平方米 75～80 克。

稀释用水量可根据喷施机具确定,以小麦为例,采用背负式手压喷雾器,喷片孔径为 1.2～1.5 毫米时,每 667 平方米用水量为 65～75 升方能喷洒均匀;如换上孔径为 0.75 毫米的弥雾喷片,用水量可减少为 10 升;如采用机动喷雾器(即喷雾机),则用 5 升水即可。

喷施时期以作物对水分敏感期为最佳,如小麦在孕穗和灌浆初期,玉米在大喇叭口期。一般全生育期喷施 1 次即可,遇严重干旱时应间隔 10 天左右喷施 2～3 次。喷施时间应选择无风天上午 10 点以前或下午 4 点以后喷施,24 小时内遇雨重喷。

三、土面保墒增温剂

土面保墒增温剂是一种田间化学覆盖剂,又称液体覆盖膜。它是一种用高分子化学物质制成的乳状液,喷洒到土壤表面后,很快在地表形成一层覆盖膜,达到抑制土壤水分蒸发,提墒保墒,提高土壤含水量之目的。

(一)土面保墒增温剂的理化特性

土面保墒增温剂为细腻的膏状物,呈黄褐色(合成原料)或棕褐色(天然原料)。化学性质稳定,呈中性,pH 值 7 ~ 8;成膜物质有效含量 30%,含水量 70%。用一般硬水,能稀释 10 倍以上。室内成膜时间约 1 小时,大田晴天 2 小时即可成膜,阴天时间要长一些。制剂膜可保持 20 ~ 30 天。

(二)土面保墒增温剂的功效

农田使用土面保墒增温剂的主要效应在于:

其一,抑制土壤水分蒸发,调节土壤墒情。对作物幼苗的生长发育具有特殊的生态意义。

其二,提高土壤温度。施用土面保墒增温剂后,使土壤的热容量和导热率有所增大,增温作用显著。土壤表面日增温在 5℃以上,即使是 20 厘米深度日增温也在 2℃以上。可使春播作物提前播种,提早出苗。

其三,减少地表面盐分的积累。改善了幼苗生长环境,对培育壮苗十分有利。

其四,防止土壤风吹水蚀。使用药剂覆盖的土壤,可经受 8 级大风考验和日降雨 40 毫米以上雨水的冲击,有效减轻了水土流失。

国内外大量试验表明,土面保墒增温剂应用于苗床或大田覆盖,都能使玉米、水稻、棉花、小麦、蔬菜、瓜果等作物提早成熟,提高产量和品质,增产率一般达 10% ~ 30%。用于甘薯、林木、果树、花卉和蔬菜的育苗及移栽也有良好效果。

(三)土面保墒增温剂的应用方法

第一,使用时间根据种子萌芽温度和播种时的天气确定。春播作物在正常播期之前 10 天左右使用,最好选在晴天上午喷洒。

第二,喷洒前要将田块整平,尽可能压碎大土块,否则会影响剂膜的完整性。并在喷洒前浇足底墒水,施足底肥。

第三,每 667 平方米使用剂量为 80 ~ 100 千克,按成品重量比加 5 ~ 6 倍水稀释。稀释时,先将称好的成品加少量水稀释调匀,然后边搅拌边加水至 5 ~ 6 倍,配成乳液。

第四,乳剂喷洒前要用纱布或细筛过滤。喷洒工具可用农用喷雾器或果园喷雾器(高压),使用时可将前面螺杆去掉,直接用后面龙头开关来调节雾粒大小。喷洒要均匀,否则膜厚度不匀,容易造成出苗不齐。

第五,一般喷剂后 20 ~ 30 天不灌水、不施肥。若后期需要浇水,宜采取小沟灌水,水层不上苗床,以延长剂膜增温保墒作用。

四、钙-赤合剂

中国科学院水土保持研究所试验发现,采用氯化钙和赤霉素混合处理作物种子,不仅能提高干旱条件下的出苗率,加速成苗,而且有利于抵御生长后期可能受到的干旱,增加产量,提高单位水量的生产效能,达到了节水、抗旱、增产的目的。

(一)钙-赤合剂的效应

研究表明,氯化钙(Ca)有增强种子活力,促进根毛发育,提高作物抗旱能力的作用;赤霉素(GA)有促进生长和代谢的作用。当二者配合使用,可发挥互补和叠加的效应。在水分条件较好时,钙对生长有轻度抑制作用,与 GA 混合使用后,其抑制作用消除并对壮苗有利;在土壤干旱时,钙对原生质的保护作用,则有利于 GA 充分发挥其促进生长的作用。因此,用钙-赤合剂拌种,无论在土壤水分条件较好或较差时,都有比较明显的增产节水效果。具体而言,钙-赤合剂拌种的效应有以下两方面:

1.增产作用 盆栽试验证明,小麦、糜子用钙-赤合剂拌种,分别比对照增产 20% 和 21.2%。在宁夏南部田间试验,钙-赤合剂拌种的春小麦,单产比对照平均增产 19.9%;钙-赤合剂拌种的冬小麦,单产比对照平均增产 22.6%。增产的原因是,经钙-赤合剂拌种后,出苗期提前 2~3 天,出苗率提高 12%~14%,小穗数增加 5%~10%,千粒重增加 3%~8%。在大田示范和推广中,中等干旱条件下,作物一般增产 8%~15%。

2.节水作用 据盆栽试验,小麦和糜子经钙-赤合剂拌种,水分利用效率均优于对照。经钙-赤合剂拌种的小麦,生产 1 克籽粒耗水 1.65 千克,较对照节约用水 7.8%;经钙-赤合剂拌种的糜子,生产 1 克籽粒耗水 1.16 千克,较对照节约用水 7.9%。在大田生产条件下,经钙-赤合剂处理的小麦,水分利用效率可提高 11%~15%。

(二)钙-赤合剂的应用方法

1.钙-赤合剂的配制 氯化钙 1 千克加水 200 升,配成 0.5% 的溶液。赤霉素 5 克用少许酒精或白酒溶解,溶解后加入已配制好的 200 升氯化钙溶液中,混合均匀。

2.拌种比例　每 100 千克种子加钙-赤合剂 10 千克。

3.拌种方法　先将溶液按比例配好,慢慢倒入种子中,边加边搅拌,开始要多翻动几次,以免溶液流失,待溶液吸干不再流出时用塑料布或麻袋盖好。为了使溶液尽量渗入种子内部,需堆闷 6~12 小时,再摊开晾干(或晒干)。

4.注意事项　用播种机播种,种子一定要晒干,否则会影响下种,若与化肥混合播种,更应避免化肥吸水变潮而影响下种。赤霉素溶液呈酸性,故不能与碱性农药混用,配制溶液的水要求用微酸性或中性水。

第五章 节水农业综合管理

第一节 农业水资源合理开发利用

农业水资源的合理开发利用是指通过工程与非工程措施,调节水资源的天然时空分布,并利用系统工程理论和计算机技术,统一调配地表水、地下水、处理后可回用的污水及微咸水,开源与节流并重,开发利用与保护治理并重,兼顾当前利益与长远利益,处理好经济发展、生态保护、环境治理和资源开发的相互关系,协调好各地区及各用水部门间的利益关系,尽可能地提高区域整体的用水效率,促进水资源的可持续利用和区域的可持续发展。

一、地表水与地下水联合运用

地表水、地下水联合运用,就是在考虑地表水、地下水各自水文规律及相互作用的基础上,合理利用地表水及地下水,以满足区域经济发展及环境要求,并产生较大的经济效益。

(一)地表水、地下水联合运用基本原理

1.地表水和地下水的动态特征 地表水和地下水联合运行是利用含水层空间的调蓄能力进行的。图 5-1 为河川径流量与地下水径流量在典型水文年的过程曲线。河川流量动态变化大,而地下径流量则较稳定,而且后者的流量高峰期要比前者滞后一段时间,这些特征为二者的联合运用提供了条件。

地表水、地下水联合运用的方式是:在枯水期(或干旱年

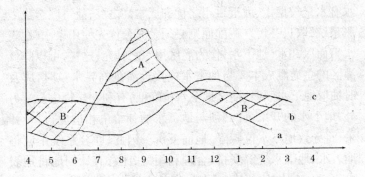

图 5-1 河川径流量与地下水径流量过程曲线

a:地表径流量变化过程线
b:地下水径流量变化过程线
c:供水过程线

份)地表水供水不足的情况下,要超量开采地下水来补充供水量 B,并且腾出地下含水层储水空间;在丰水期(或丰水年份),充分利用地表弃水 A 进行地下水人工补给,以补偿枯水期已超采了的地下水量。这样,地表水与地下水联合运行的结果将产生由地表水和地下水(包括由弃水回灌而产生的地下水人工补给量)组成的有保证的稳定供水量,并形成由弃水补给地下水的可利用的水资源增量。

应该注意的是,地表弃水 A 对地下水的人工补给量取决于弃水量的多少、渗漏补给或人工回灌的能力以及含水层储水空间的大小。因此,如果弃水量大,入渗补给条件好,加上含水层储水空间足够大时,充分开发地下库容,可以起到水资源多年调节的作用。

2.水量调配原则 地表水与地下水联合灌溉系统是由互有水力联系的地表水及地下水两种水源供水,组成一个灌区。地表水的年际、年内变化较大,但管理方便,灌溉成本低;地下水有水量较稳定、就近供水之优和成本高之弊,故可联合成灌溉系统,取长补短。调配原则必须是充分优先使用渠水(地表水),而以井水(地下水)作为灌区用水之补充,这样,可以降低灌区的总灌溉成本。当地下水位接近灌溉临界水位时,应及时抽取地下水灌溉,使之地下水位降低,有利农作物生长。另外,地下水的开采量,必须与地下水的补给量相适应,过量开采,将导致地下水位骤降、地面下沉。因此,联合系统中应将地表水、地下水统筹安排,合理利用,并注意有计划地将地表水(余水、弃水)进行人工回灌,以补充地下水源。

(二)地表水、地下水联合调度模型

地表水和地下水资源联合调度的研究对象是一种多水源、多用户的复杂系统,它除了涉及气象、水文、地形地貌以及水文地质等因素外,同时还受到各种社会和环境因素的影响。地表水与地下水联合运用模型按规划和运行管理性质可分为以下三大类。

1.数学规划模型 对于复杂的地表水与地下水联合运行系统,可将其划分为若干子区,每个子区内种植若干种作物,并将研究时间划分为若干时段,然后建立如下模型。如果研究的系统比较简单,则不必划分子区。

(1)目标函数 建立目标函数的准则可以是系统的净效益最大、工程投资最小、灌溉面积最大、或水源供水量最大等。

(2)约束条件 数学规划模型一般情况下为非线性规划问题,但对于充分灌溉的优化决策问题,农作物的田间需水量和灌溉情况下的作物产量可以按常量计算,故可以简化为线性规划。对于非线性规划问题,要根据数学模型的具体情况选择相应的求解方法。

2.地表水与地下水联合运用的模拟模型 如果所研究的

问题比较复杂,决策变量及变量维数太大时,数学规划法应用往往会受到计算机存储量和计算时间的限制,此时就得另外选择优化途径和方法。模拟模型及其模拟技术是一种求解复杂水资源系统优化决策的有效工具,特别在地表水和地下水联合运行中,其应用更为广泛。其决策步骤如下:

(1)绘制系统网络图 为了明确显示地表水与地下水联合运用系统各组成部分之间的空间联系,或某些物理、水文或水力的关系,经常需要绘制系统的网络图,如图5-2所示,以便拟定数学模型和作为研究优化决策的基础。

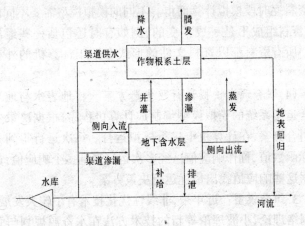

图 5-2 地表水与地下水联合运用系统网络图

(2)拟定模拟运行的数学模型 模拟模型与数学规划一样包含目标函数和约束条件,所不同的是模拟模型还包括系统的运行规则。地表水与地下水的联合运行规则,包括地表水库运行操作规则、河流引水规程、地下水资源管理规程以及联合调度准则。地表水主要是防洪调度与兴利调度的结合问题;地下水主要是防止地下水位过低、出现用水破坏以及地下水位过高、产生盐碱和渍害或地下水大量蒸发损失。联合调度准则主要是指在不同情况下地表水和地下水的用水次序或用水比例等。

(3)资料文件的准备 模拟模型运行时一般要求比数学规划更多的资料,这些资料一般有3种:一种是系统的组成及规模尺寸资料,如库容、抽水站装机容量、渠道和井的供水能力等;另一种是水文气象资料,这种资料通常按时段顺序列出;第三种是作物的需水和用水资料,一般可以利用气象和水文资料逐时段模拟计算而得。不同的模拟模型需要不同的资料,资料组成不是一成不变的,例如有时还包括一些经济参数。所有资料都以资料文件的形式存贮于计算机的外存设备。

(4)联合调度模拟运行及优选方案 将地表水与地下水联合运用系统的模拟模型编制成计算机程序,根据决策变量的组合方案,在计算机上进行模拟运行。每次运行得到一个目标函数值,称作响应值。经多次运行得到多个响应值,最后根据这些响应值找出最优运行决策方案。

3.组合模型 近年来,非线性优化技术有了较大发展,神经网络理论、小波理论等新的技术方法在水资源规划与管理中得到了应用,多种优化方法的组合模型也得到了较快的发展,所有这些为农业水资源管理进行更深入的研究创造了条件。

二、劣质水利用

(一)污水灌溉

1.**污水灌溉的意义**　作为农业水资源,污水的利用主要是污水灌溉,即利用经过处理的城镇生活污水和工业废水进行灌溉。通常1000吨生活污水中含氮40～80千克、磷7～15千克、钾18～30千克,此外还有钙、镁、铜等多种微量元素和丰富的有机质,用它作为灌溉水源可提高作物产量。污水灌溉也是处理污水、保护环境的一个重要途径,因为土壤是含有多种无机和有机物质的多孔介质,生长着种类繁多的动、植物和微生物,当污水进入土体后,会发生一系列的物理化学和生物化学变化,使一些有毒物质失去原有活性或被降解,如含200毫克/千克三氯乙醛的污水灌入稻田,5天后即可全部降解。

2.**污水处理**　污水因其水质不同,处理的设施和方法也不同。一般的生活污水,因有害物质较少,处理比较简单,经过沉淀、拦污、稀释之后,即可用于灌溉。工业废水因其所含成分复杂,含有较多的有毒有害物质,需经过较复杂的处理过程——拦污、沉沙、沉淀、氧化处理、曝气、有害有机物和重金属回收等,使水质符合农田灌溉水质标准后才能引入渠道进行灌溉。

3.**污水灌溉方式**　利用污水灌溉要严格掌握灌溉时间和灌水定额,一般是大苗多灌,小苗少灌,生长后期少灌或不灌,避免作物后期残毒积累。污水灌溉应以大田作物为宜,蔬菜和块根作物不宜使用。在渗漏性大的沙土区、地下水埋藏较浅的地方,也不宜使用污水灌溉,以免造成地下水污染。利用一些先进的灌水技术,可使污水灌溉达到兴利避害的目的。

以色列在利用污水进行灌溉时，采用了地下滴灌的灌水技术，既充分利用了水资源，又减轻了污水灌溉对环境的影响。

4.污水灌溉应注意的问题　污水中含有一些有毒有害物质，如未经处理或利用不当，将导致作物产量和质量下降，土壤物理性状恶化，传染病和寄生虫病蔓延以及人畜中毒等严重后果。因此，污水灌溉需要做好污水的有效处理和有效利用工作。

污水灌溉已有数十年的历史，原有的灌溉方式、灌溉技术已不能适应目前的实际需要。随着经济的发展，工业废水在城市污水中的比重逐年提高，使单纯的生活污水变成以工业废水占主导地位的混合污水，由单纯的生物污染型向化学污染型为主的方向发展。应根据水质监测的结果，不断调整灌溉对象和灌溉时间，采用合适的灌水技术，实现污水的资源化利用。

(二)微咸水利用

咸水灌溉，就是利用含盐量大于 2 克/升的咸水进行灌溉。咸水灌溉有补充作物需水要求的一面，但因水中有含量较高的多种盐类，因而又有抑制或毒害作物生长的不利一面，使用不当，就可能使作物减产和使土壤发生盐碱化，所以仅用于水资源十分紧张的地区。利用咸水灌溉的技术要点包括以下几个方面：

第一，咸水 pH 值为 7~8，即水质呈中性或弱碱性。阳离子中的钠离子不超过 60%，且以硫酸盐或氯化物为主，水的最大含盐量应低于 5 克/升；

第二，控制灌溉定额和次数，以减少盐分在土壤中的积累。灌水量每次控制在 900 立方米/公顷以内，通常只在作物需水关键时期灌 1~2 次；

第三,尽量采用咸水与淡水混合灌溉或轮灌,减轻咸水对作物的危害。通过轮灌清洗土壤中的积盐,预防土壤次生盐碱化;

第四,要有排水条件。咸水灌溉在不同程度上增加了盐分在土壤中的积累,因此咸水灌区要搞好排水系统,控制地下水位在临界深度以下,使灌溉水引起的土壤积盐在降雨或淡水灌溉时能够排洗出去,使土壤的水盐运动保持平衡或脱盐趋势;

第五,选择合适的灌溉时间,一般应选择在作物生长的中后期,此时作物根系下扎已深,地面已被枝叶遮盖,土壤蒸发减小,作物耐盐能力增强;

第六,围田打埂,平整土地,防止高处积盐;

第七,农林措施配合,包括增施有机肥,灌后及时中耕,增强对盐分运移的抑制作用,开展植树造林,变地面蒸发为植物蒸腾,防止土壤返盐。

第八,当咸水灌溉后土壤盐分处于逐年积累的状况时,应停止咸水灌溉,在必要时还要用淡水洗盐。

三、农业水资源管理决策支持系统(DSS)

决策支持系统(DSS)是指综合利用各种数据、信息、知识,特别是模型技术,辅助决策者解决半结构化问题的人机交互式的计算机应用软件系统。农业水资源管理决策支持系统服务于区域或灌区农业水资源的综合规划和管理,帮助决策者对水资源规划管理中的决策问题进行辅助抉择。一个简单的决策支持系统结构如图 5-3 所示,共由三部分组成:数据管理系统、模型管理系统和人机交互系统。

数据管理系统负责对决策支持系统所涉及的数据信息进

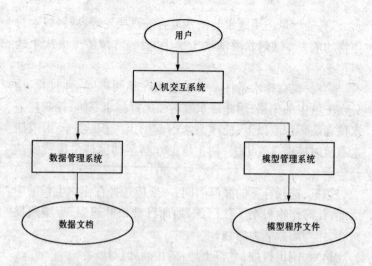

图 5-3　农业水资源管理 DSS 结构图

行管理,包括对数据的输入、储存、检索、处理和修改等。模型
管理系统是 DSS 的核心,其功能主要有对系统中的模型进行
建模、存储、修改、查询、调用、组织等。农业水资源管理 DSS
的模型一般包括多目标决策模型、水量平衡分析模型、作物需
水量计算模型、水费计算模型、单位面积农田投入产出模型、
财务经济效益评价模型等。利用各种模型对基本信息进行加
工和整理,进而为决策者提出水资源调度的推荐方案。人机
交互系统是 DSS 的三大部分之一,它的主要功能是进行人机
对话,随时显示系统运行状态和结果,随时接受一些新的判断
决策数据,控制系统运行的方向,将模型系统分析推荐的方案
提交给决策者,帮助决策者对方案的优劣进行客观比较,从而
有利于决策者作出正确的判断。

第二节　节水农业灌溉制度

一、灌溉制度

　　灌溉制度是作物生育期内的灌水时间、灌水量、灌水次数和灌溉总量的总称。可以看出,灌溉制度是确定什么时候灌溉和灌多少水量。灌溉制度是根据作物生育期内的需水量、降水量及地下水补给资料,利用水量平衡方法确定的。

　　在降水量很少的地区,不同年份作物各生育时期的缺水状况相对稳定,因而采用的灌溉制度也就相对稳定。但在降水较多、对作物需水量的贡献份额较大的地区,降水的变化对所采用的灌溉制度的影响很大。由于不同生育期的降水量在年际间的变化很大,所以不能采用固定模式的灌溉制度,而是根据不同的水文年型分别制定适合干旱年、中等干旱年和丰水年使用的灌溉制度供农田水管理使用。另外,在执行过程中还要根据实际降水情况和作物生长发育情况进行必要的调整。

　　灌溉制度可分为丰产灌溉制度和节水灌溉制度两种:

　　1. 丰产灌溉制度　是指根据作物的需水规律安排灌溉,使作物各生育期的水分需要都要得到最大程度的满足,从而保证作物正常的生长发育,并取得最大产量所制定的灌溉制度。丰产灌溉制度的制定通常不考虑可利用水资源量的多少,它是以获得单位面积产量最高为目标的。在水资源丰富并具备足够的输配水能力的地区,通常采用这种灌溉制度。

　　2. 节水灌溉制度　节水灌溉制度是在水资源总量有限,无法使所有田块都按照丰产灌溉制度进行灌溉的条件下发展起来的。节水灌溉制度下的总灌水量要比丰产灌溉制度下的总灌水量有明显的减少。由于总水量不足，所以作物生育期内必然有一些时段要受旱。什么时段受旱和受旱程度多重才能做到节水多而减产少，以及如何协调总水量在各田块上的分配才能使有限的水资源得到高效的利用，这是节水灌溉制度要解决的主要问题。由此可见，节水灌溉制度不是以取得部分田块产量最高为目标，而是通过合理调配有限的水资源，追求总产量或总体效益最佳。

制定丰产灌溉制度时主要考虑的因子是作物需水量和有效降水量。而制定节水灌溉制度时除了考虑这两个因子外，还要考虑不同时期缺水及不同程度缺水对作物产量的影响，以及总水量的不同分配模式对总产量及总效益的影响。

二、非充分灌溉

非充分灌溉是指由于灌水不充分，使得水分供给状况不能充分满足作物的需要，从而使作物实际用水速率小于最佳水分环境条件下的需水速率的灌溉实践。灌溉不充分可能发生于整个生育期，也可能只发生于某个或几个生育阶段。非充分灌溉制度有时也称为限额灌溉或腾发量亏缺灌溉。由于水资源有限，我国大部分地区都无法进行充分灌溉，而是实行不同程度的非充分灌溉。随着我国农业水资源紧缺状况的不断加剧，非充分灌溉的覆盖面积还将不断扩大，大力推行非充分灌溉技术也将是我国农田灌溉技术发展的一项重要任务。

实施非充分灌溉的理论依据在于：

第一，当供水不足时，作物体内会发生一系列的生理、生化变化过程以适应逆境。这些过程有的可以使作物提前成熟以逃避干旱；有的则能产生一些特殊的物质，使植物的持水和吸水能力加强,利于维持正常的代谢活动;有的则能调节水分的散失过程,降低失水速率。这些适应与调节过程可使作物的耐旱性增加,从而延缓干旱胁迫的发生,降低胁迫的危害程度。

第二,作物经受短期的适度水分亏缺后,生长发育过程受到一些影响。但在灌水后,其生长过程会加快,表现出一定程度的生长补偿效应。这种现象在生育前期受到水分胁迫时表现得更为明显。生长补偿效应使胁迫的影响减少,从而减轻缺水对最终产量的影响。

第三,某些时期适度的水分亏缺可以对作物营养物质的分配起到调节作用,从而实施对个体或群体的有效调控,为高产打下基础。如棉花苗期一定程度的水分亏缺可以促进根系的生长,控制地上部分的发展,提高根冠比,有利于形成适宜的株型及群体结构。

第四,一些土壤中水分的有效性在较宽的含水量范围内都几乎相等,这样保持较低的含水量水平也不会使作物遭受明显的干旱,产量也不会大幅度地降低。在这样的土壤上实现低定额的非充分灌溉,可以起到明显的节水效果。

第五,利用最优化理论,可以确定一个区域的最适宜水分分配方案,即确定什么时候灌水,灌多少水,以及什么时候应当控制不灌水或少灌水。这样有助于达到水资源供应与作物需水的最佳组合,实现有限水资源的最有效利用。

三、调亏灌溉

作物调亏灌溉是在传统灌溉原理与方法的基础上,提出的一种新的灌溉方式,其基本概念不同于传统的丰水高产灌溉,也有别于非充分灌溉或限额灌溉。非充分灌溉放弃单产最高,追求一个地区总体增产,即在水分受限制的条件下,舍弃部分单产量,追求总产量。调亏灌溉是舍弃生物产量总量,追求经济产量(籽粒或果实)最高。它主要是根据作物的遗传和生态生理特性,在其生育期内的某些阶段(时期)人为地施加一定程度的水分胁迫(亏缺),调节其光合产物向不同组织器官的分配,调控地上和地下生长动态,促进生殖生长,控制营养生长,从而提高经济产量,舍弃有机合成物总量,达到节水高效、高产优质和增加灌溉面积的目的。这是目前国际上灌溉及其有关领域研究的一个热点。

(一)作物调亏灌溉的理论依据

调亏灌溉是通过土壤水的管理来控制植株根系的生长从而控制地上部分的营养生长及其植株水势,而叶水势可以调节气孔开度,气孔开度则对光合和植株水分利用有重要作用。在这一系列的过程中,起决定作用的是根系。因为当对植株进行分根处理且部分土壤逐渐变干时,一半受旱根系吸水受到限制,尽管叶水势、膨压和 ABA(脱落酸)含量不变,但大部分气孔却明显关闭。因而,推测一定存在着一种物质,在植株受旱时,由根系产生并输送到叶片中以控制气孔开度,使光合和蒸腾等生理过程发生变化,影响其最终的收获产量。同时许多研究也表明,同一植株不同的组织和器官对水分亏缺的敏感性不同,细胞膨大(依靠膨压维持)对水分亏缺最敏感,而光合作用和有机物由叶片向果实的运输过程敏感性次之。因而在营养生长受抑制时,果实可以积累有机物以维持自身的膨大,使其在调亏期的生长不明显降低。在果实的快速膨大期,即调亏结束重新复水期,因调亏期缺水而受抑制时积累的代谢产物,在水分供应量恢复后可用于细胞壁的合成及其他与果实生长相关的过程,起到补偿生长的效应,以至不会因适度胁迫而引起产量的下降;而如果胁迫程度过大或历时过长,细胞壁可能变得太坚固以致当供水增加时不再能恢复扩张,引起产量下降。这些理论使调亏灌溉的功效在分子水平上得到解释。

(二)桃树调亏灌溉制度

桃树节水灌溉制度是原北京农业工程大学与澳大利亚合作,在20世纪80年代末开始,经过6年的试验研究,在华北地区进行的果树调亏灌溉取得的成果。桃树调亏灌溉是根据桃果实重量(干重或鲜重)生长量划分的生长阶段及其与枝条(营养)生长间竞争的机制调节控制水的供给。根据果实重量的增长速率,其生长可划分为三个阶段:在第一阶段和第三阶段桃的干重生长很快,而在第二阶段(从5月下旬至7月初)生长较慢。第一阶段生长较快主要是由于细胞分裂的结果,而第三阶段生长很快是由于细胞膨大所致。在第三阶段的生长量占收获时果实重量的75%以上,而第一,二阶段的生长量占总生长量的比重较少。据此,在果实生长的第一,二阶段限制水的供给,使树体内产生一定程度的水分亏缺,这样可明显地控制枝条(营养)生长,而在第三阶段充分供给水量,有利于果实比没有限制水分供给时更快地增长,达到了节水高产的目的。试验中采用的是滴灌和微喷灌。

①每周灌溉量的确定:确定灌溉量,首先要知道果树蒸腾蒸发量。据研究,果树蒸腾量与同期水面蒸发量有很强的相关性,根据水面蒸发量可推算出同期果树消耗的水量。果树蒸腾量也随着一年中枝叶量的增减而变化。桃树从4月上旬发芽,4月中旬开花,5月下旬枝叶才基本占满空间,因此,在此之前应按比例减少灌水量。成龄树以每棵树的栽植面积(株距乘行距)的蒸发量计算灌水量;幼树期间树冠小,以树冠

投影实际占地面积的 1.2 倍计算灌水量。

②每周灌溉次数和灌溉时期:每周的灌溉次数取决于土壤质地、灌溉时间和灌溉方式,一般保水力差的砂土地灌溉次数较多且每次灌溉时间较短,粘土地灌溉次数较少但每次时间较长。除控水期间外,粘土地微喷灌每次不少于 3 小时,砂土地不少于 2 小时;粘土地滴灌每次不少于 3 小时,砂土地不少于 1.5 小时。除了土壤特别干旱,如控水结束后第一次灌溉,微喷每周灌溉时间超过 7 小时就应分 2 次喷,滴灌分 4 次灌。进入 6 月份树冠形成后需要大量灌溉时,每周以微喷 2 次、滴灌 4 次为好,雨季灌溉次数可减少。

四、灌关键水

(一)需水临界期的概念

灌关键水是指在供水量十分有限时,将有限的水量灌在作物最需要的时期,以取得最大的效益,或是最大程度地减少产量损失。这里所说的作物最需要的时期即为作物需水临界期。

一般认为籽实作物的需水临界期为生殖器官形成与发育时期,块根块茎作物则为根茎膨大期。具体到作物,小麦、玉米分别为孕穗期和大喇叭口期;马铃薯、甘薯为开花期;一些作物为无限生长型,如棉花和大豆,其生殖器官的形成与发育是陆续进行的,需水临界期为主要形成产量的那部分生殖器官的形成与发育时期,棉花为开始成铃时期,大豆为开始坐荚前后的一段时期。对于籽实作物来讲,籽粒灌浆期间的水分状况对产量的影响也很大,可以认为是次需水临界期。

作物需水临界期缺水造成的损失最大,从另一个角度讲,满足这些时期水分需求所产生的效益也最大。在可利用的总水量有限的情况下,应首先考虑将水分灌在这些时期,以防止出现严重的水分胁迫。

作物需水临界期及次需水临界期定性地确定了作物对水分较为敏感的时期,所得结论通常也适用于大多数年份。但应当指出的是,实际生产中不能完全依靠这些结论进行灌溉,特别是在一些异常年份。作物的整个生育期中,任一时段发生非常严重的干旱都会造成产量的大幅度下降,甚至绝收。因此无论什么时期,都应当在严重胁迫形成之前及时灌水,才能避免作物遭受重大损失。

(二)灌关键水时灌水量的确定

土壤的储水能力决定着灌水量的上限。灌水总量超过土壤的储水能力后,即会有部分水分通过渗漏或地面径流损失掉,这在总水量有限的关键供水期内是绝对不应当发生的。

使用的灌水方法在很大程度上决定着灌水量的下限。为了能够将水分均匀地分配至田间的每个区域,各种灌水方法一般都要有一个最低灌水定额。地面灌溉系统中,这一定额变化范围较大。在田面粗糙的田块上实行漫灌,或是虽然筑畦,但畦很长也较宽的条件下,灌水耗时一般较长,灌水量也较大。而在田面平整,畦长畦宽都较小时,所需的最低灌水定额则会大幅度下降。在一些实行小格田灌溉的地区,最低灌水定额会进一步降低,达到 600 立方米/公顷,甚至更低些。采用喷灌或滴灌时,这一下限值则要低得多。

较强降水过程的发生频率在一定程度上决定着灌水定额的大小。一般地讲,我国大部分地区(西北内陆干旱地区除外)的降水量在农业生产用水中占有重要的比例,有些地区则是农作物用水的主要来源,而灌溉则是降水不足时的补充。这种情况下,降水的发生频率对灌水定额的影响就很大。一次灌水不应太少,否则起不到为作物补充水分的作用,但又不应太大,否则在较强的降水过程发生时土壤没有足够的储水空间,会导致部分水分渗漏或以径流的形式损失掉,造成水源浪费。因此确定关键水的灌水定额时,应当很好地考虑当地的降水发生情况及未来一段时期的降水形势,做到既能使作物在关键需水期免受干旱影响,又不造成大量的水分损失。

可利用水量的多少也是确定关键水灌水定额的重要因子。当水量充足时,灌水定额最好确定为将计划湿润层灌至田间持水量所需的水量,这样可以最大限度地保证作物在关键需水期能处于良好的供水条件之下。但在可利用的总水量有限时,灌水定额的确定则要考虑单位面积产量增加与区域总产量增加之间的协调。这时确定的灌水定额不是追求单位面积产量最高而是要使区域总增产量达到最大。

实际生产中,采用地面灌溉方式供水时,关键水的灌水定额常设定为 600～900 立方米/公顷。采用喷灌方式供水时,灌水定额常设为 300～500 立方米/公顷。而在西北干旱地区,利用雨季储集的雨水进行补充灌溉,灌水方式为滴灌时,灌水定额为 150～225 立方米/公顷,采用根际点灌时,灌水定额为 75～150 立方米/公顷。

第三节 节水灌溉自动控制系统

灌溉管理自动化是世界先进国家发展高效农业的重要手段,日本、美国等国家已采用先进的节水灌溉制度,由传统的充分灌溉向非充分灌溉发展,对灌区用水进行监测预报,实行动态管理,采用遥感、遥测监测土壤墒情和作物生长等新技术,实现农业水管理的自动化。

一、自动化技术在灌溉管理中的应用

自动化灌溉技术是伴随着计算机技术、通讯技术、微处理器技术、传感器技术的提高而逐步实现的。自动化灌溉控制系统在上世纪 80 年代开始在美国、以色列等国家得到研究和应用，当时由于技术复杂，应用难度大，价格昂贵，这种控制设备最早主要应用于园林绿化灌溉系统的控制上。90 年代，计算机技术和通讯技术的飞速发展，使得构建自动化灌溉系统的难度越来越小，功能越来越强大，成本也逐渐降低，从而使自动化灌溉控制系统在农田灌溉中逐渐得到了应用。目前国外典型自动化灌溉控制系统一般具有如下特点和功能：

一是自动采集各种气象数据，计算并记录蒸发蒸腾量 ET，根据前一天的 ET 值自动编制当天灌溉程序并实施灌溉；

二是可根据连接的土壤湿度传感器、风速传感器、雨量传感器等监测设备，启动、关闭、暂停灌溉系统；

三是连接流量传感器可自动监测、记录、警示由于输水管断裂引起的漏水及电磁阀故障，最大限度利用管网输水能力；

四是自动记录、显示、储存各灌溉站的运行时间；自动记录、显示、储存传感器反馈数据，以积累资料，修改程序，修改系统等。

五是储存数百套灌溉程序，可控制多个田间灌溉系统；

六是有线、无线、移动通讯、电话多种通讯功能选择。

灌溉系统一般分为水源（井、泵、闸）、输水系统（各级管道）、配水系统（阀）和灌水器，自动化灌溉系统主要是实现对水泵机组（或闸门）和配水系统的自动化控制。一个典型的自动化灌溉控制系统如图 5-4 所示。

自动化灌溉控制系统主要由总控站（计算机）、集群通讯控制器、现场控制站、电磁阀构成。总控站根据气象数据、土壤墒情和灌溉制度,将指令下达到集群通讯控制器。集群通讯控制器将各轮灌区灌溉控制程序再发到相关现场控制站。现场控制站可根据总控站的指令启闭各轮灌区电磁阀。1台中央计算机可控制多台集群通讯控制器,每台集群控制器又能操作多台现场控制站,每个控制站可控制多个电磁阀,因此通过增加各级控制设备的数量,这种控制系统理论上可以无限扩容,从而能够实现不同规模灌区灌溉系统控制的自动化。

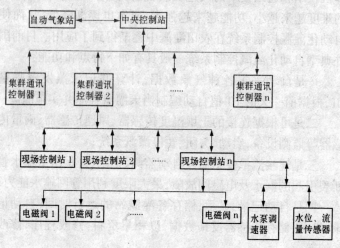

图 5-4　自动化灌溉控制系统

二、井灌区井群自动控制系统

(一)系统功能与特点

系统以区域水资源优化配置为目的,以灌溉计划为基础,同时可通过对地下水最低水位或单井允许开采总量等系统参数的设置,限制井群对地下水的开采。系统由一个控制总站和若干个子控站组成,子站最多可达 255 个。本系统的微机控制总站直接插在微机的并行口上,设备安装简单;总站与子站间的通讯为无线半双工,系统硬件以单片机为核心,采用模块化结构设计,性能稳定;系统控制软件包采用虚拟仪器技术,运行在 Windows'9X 平台下,易于扩充和维护。系统操作简单,虚拟的控制面板和各种工作状态指示均以形象化的动态图形方式显示在微机屏幕上,直观方便,除控制总站电源开关外,全部操作均通过鼠标完成,硬件开支少,故障率低。

(二)系统硬件

系统结构如图 5-5 所示。系统通过计算机并行口进行控制,遥控遥测数据经编、解码和码型变换后由 VOC/PLL 无线音频半双工通讯电路进行无线传输,系统启动后在时序逻辑控制电路控制下以半双工应答方式自动运行。系统硬件包括主控站和子控站,主控站的控制端经内部光电隔离后,通过标准并行口与计算机进行指令和数据通讯,通过通讯电路与子控站进行数据交换;子控站通过经模块内部光电隔离的数据输入接口和数据输出接口与水泵交流接触器、水位传感器、流量传感器、土壤墒情传感器以及防盗传感器(可选)进行指令和数据通讯,通过通讯电路与主控站进行数据交换。

电路主要由微控制器(单片机)、数字通讯电路和辅助电路三部分组成。

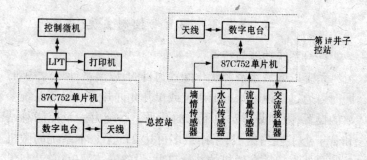

图 5-5　自控系统结构示意图

1. 微控制器　系统硬件核心部件为 87C752 单片机。
87C752 是 PHILIPS 公司生产的一种小体积、低价格的 80C51
系列单片机,指令系统与 8051 兼容,片内包含有 2K 的
EPROM 和 64 字节的 RAM,2 个 8 位 I/O 口和 1 个 5 位 I/O
口,1 个常数可自动重装的 16 位定时器,1 个固定频率的定时
器,7 个中断源,1 个中断优先级,5 路 8 位 A/D 转换器。

2. 通讯电路设计　在本系统中,考虑到井群自动控制系
统的实时性对信息通讯传输速率要求不高,而对可靠性要求
很高的实际情况,采用了无线半双工应答的通讯传输方式。
该方式在保证通讯可靠的情况下,可以有效地减少硬件的投
入和频率资源的占用。数字电台由调制解调器芯片 FX469 和
无线收发模块 TDX230RT/5W 组成,采用双 VOC/PLL 无线传
输链路,通讯距离最大为 8 千米。

3. 辅助电路　主要有电源电路、信号放大电路及指令执
行电路等。

(三)系统软件

1. 支持软件　系统运行在 Windows'9X 平台下,上位机采
用 ActiveX 技术和虚拟仪器技术,利用 Microsoft Visual C 编制

了核心通讯控件 RccOXC, 实现对设备的底层操作; 利用 Microsoft Visual Basic 编制了用户界面、水位流量实时监控、水位预报、数据管理与计时计费系统等模块。

87C752 单片机控制软件由 ASM51 与 Franklin C51 两种编程语言完成, 由于 C 语言具有较好的可移植性, 因此 87C752 单片机等硬件设备易于升级。

2. 系统软件结构 系统软件结构见图 5-6。系统包括 5 个功能模块: 系统设置、实时监测、数据管理、预报模型以及在线帮助。

(1) 系统设置 该模块完成系统参数设置, 包括灌溉用户名、开关机定时设置、地下水水位允许下限值、允许开采量等参数的设置。这些参数可根据本软件系统地下水位动态预报模型的预报结果进行设置, 也可以根据其他的区域水资源优化配置模型以及灌溉计划进行设定, 设置对话窗口如图 5-7 所示。

(2) 实时监测 该模块是系统的核心部分, 包括水位流量的实时监测、水泵实时开关以及对井群运行的计时计费。通过设置系统的巡检方式, 可对系统运行中出现的故障进行记录和处理, 当系统运行在限量开采方式时, 如果水位或累积开采量超过限定值, 系统可自动关机并作记录。

(3) 数据管理 系统采用多级安全管理模式, 对各级操作员权限进行了定义和限制, 同时对数据进行了多种加密与备份, 以确保系统安全。该模块完成运行日志数据的记录和管理, 数据库主要包括事故处理记录数据库、系统操作日志数据库与计费数据库, 其中操作日志数据库可对计费数据库进行恢复, 防止系统掉电时计费数据的丢失。此外, 数据管理模块还具有数据备份、数据删除、数据恢复等数据库管理功能。计

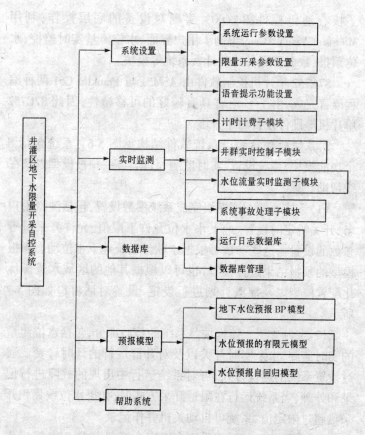

图 5-6 系统软件结构框图

费系统窗口如图 5-8 所示。

(4)预报模型 模型库包括自回归模型、人工神经网络模型及有限元模型。这些模型各有优缺点,可根据不同条件和预测要求,选择相应的模型。

自回归模型可以在水文地质条件尚未清楚或者条件复杂的区域,通过已有的实际观测资料的分析计算,建立水位预报

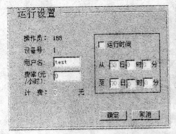

图 5-7　系统运行参数设置窗口

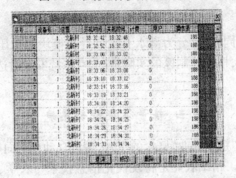

图 5-8　计时计费系统窗口

方程。在采用该方法预测地下水位时,如果预报值超出确定回归方程时所使用的实际观测数据范围,预报结果是不可靠的,需采用其他模型。

　　人工神经网络模型采用改进的 BP 人工神经网络技术,根据控制区地下水位动态及其影响因素的长观资料,确定预报模型参数。该模型为开放式自适应模型,可根据最新的观测数据对模型进行更新和校正。模型参数输入窗口如图 5-9 所示。有限元模型是利用有限元法将地下水运动微分方程进行离散得到线性方程组,求解方程组进行水位预报。根据含

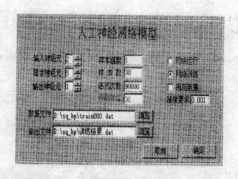

图5-9　人工神经网络模型输入窗口

水层的不同性质,分为潜水有限元计算模块和承压水有限元计算模块,根据控制区的实际情况,在系统安装时选择相应模块加载。

三、精量灌溉控制系统

随着"精细农业"概念的引入,灌溉自动化将向智能化、精量化发展。精细农业是将现代化信息技术与农学、农业工程技术集成,应用于"高产、优质、高效"现代农业的精耕细作技术。20世纪90年代以来,随着全球定位系统(GPS)、地理信息系统(GIS)、农业应用电子技术和作物栽培有关模拟模型以及生产管理决策支持系统(DDS)技术研究的发展,精细农业已成为主要发达国家面向21世纪最富有吸引力的前沿性研究领域之一。作为精细农业的重要组成部分,精量灌溉技术已成为农业科学研究的重点之一,精量灌溉技术设备的开发也成为各国灌溉设备厂商的商业热点。

国际上精量灌溉研究尚处于幼年发展时期,支持技术也尚待不断深化。美国佐治亚大学的研究人员对精量灌溉系统进行了试验研究。试验区面积为26英亩,系统的关键设备是一根用钢条支撑的 600 英尺长的管路。它通过一些橡胶轮以一个弧形横跨在田地上,水通过悬挂在软管上的喷嘴喷出,试验的系统在每一端都安装有全球定位接收器,喷嘴根据田地的状况四个一组控制,田地的状况是人工输入的,这种系统可以适用于 80 多种不同的田地。英国、加拿大、澳大利亚等国家开发了"3S"技术的适用平台和数据管理软件,并已开始与生产企业联合,建立变量投入机械化设备与自动控制产品。专家预言,未来的灌溉系统可能将用地理信息系统控制。每一个喷嘴可能会用测量作物湿度的传感器进行控制。

作为精量灌溉系统的组成元件,在灌溉机械自动化方面,美国内布拉斯加州的瓦尔蒙特工业股份有限公司和 ARS 公司开发出一种要实现农田自动灌溉的红外湿度计,被安装在环绕着一片农田的灌溉系统上后,可每 6 秒种读取一次植物叶面湿度,当植物需水时,它会通过计算机发出灌溉指令,及时向农田灌水。

作物精量灌溉控制技术的研究在我国还处于探索、起步阶段,仅在精量灌溉系统的组成元件上开展了一些研究工作,近几年先后在山东威海、北京郊区开展过精量灌溉的单项技术,如 GIS,GPS,RS,MIS 农业生产宏观管理试验,并未深入到田间和作物,因而还未能做到真正意义上的"精量控制灌溉"。

参 考 文 献

1. 信乃诠,王立祥主编.中国北方旱区农业.南京:江苏科学技术出版社,1998

2. 王龙昌,贾志宽主编.北方旱区农业节水技术.西安:世界图书出版公司,1998

3. 沈振荣,苏人琼主编.中国农业水危机对策研究.北京:中国农业科技出版社,1998

4. 冷石林,韩仕峰等主编.中国北方旱地作物节水增产理论与技术.北京:中国农业科技出版社,1996

5. 山仑主编.旱地农业生理生态基础.北京:科学出版社,1998

6.〔美〕H.马塞尔等著(张永平译).作物抗性生理学.北京:科学出版社,1985

7.〔英〕M.A.霍尔主编(姚壁君等译).植物结构、功能和适应.北京:科学出版社,1987

8. 陈亚新,康绍忠主编.非充分灌溉原理.北京:水利电力出版社,1994

9. 娄成厚,王天铎著.绿色工厂.长沙:湖南科学技术出版社,1995

10. 同延安主编.土壤、植物、大气连续体系中水运移.西安:陕西科学技术出版社,1998

11. 山仑,黄占斌,张岁岐.节水农业.北京:清华大学出版社,2000

12. FAO. Crop Water Requirement. Rome, 1977

13. FAO. Irrigation Practice and Water Management. Rome, 1971

14. 赵聚宝,李克煌主编. 干旱与农业. 北京:中国农业出版社,1995

15. 国家科委社会发展科技司等. 农业节水技术. 北京:水利电力出版社,1992

16. 全国农牧渔业丰收计划办公室编. 节水灌溉和旱作农业技术. 北京:经济科学出版社,1996

17. 西北农业大学主编. 旱农学. 北京:农业出版社,1991

18. 山仑,陈国良主编. 黄土高原旱地农业的理论与实践. 北京:科学出版社,1993

19. 杨改河等编著. 旱区农业理论与实践. 西安:世界图书出版公司,1993

20. 李英能主编. 节水农业新技术. 南昌:江西科学技术出版社,1998

21. 孔四新等编著. 集水农林业技术. 郑州:黄河水利出版社,1997

22. 马天恩,高世铭编著. 集水高效农业. 兰州:甘肃科学技术出版社,1997

23. 赵松岭主编. 集水农业引论. 西安:陕西科学技术出版社,1996

24. 张祖新,龚时宏,王晓玲等编著. 雨水积蓄工程技术. 北京:中国水利水电出版社,1999

25. 中华人民共和国水利部. 喷灌工程技术规范(GBJ85-85)

26. 中华人民共和国水利部. 节水灌溉技术规范(SL207-

98)

27. 中华人民共和国水利部. 喷灌与微灌工程技术管理规程(SL236-1999)

28. 中华人民共和国水利部. 低压管道输水灌溉工程技术规范(井灌部分)(SL/T153 – 95)

29. 付琳,董文楚等. 微灌工程技术. 北京:水利水电出版社,1988

30. 庞鸿宾. 节水农业工程技术. 郑州:河南科学技术出版社,2000

31. 水利部国际合作司等编译. 美国国家灌溉工程手册. 北京:中国水利水电出版社,1998

32. 中国农业科学院农田灌溉研究所. 节水丰产技术问答. 北京:科学普及出版社,1995

33. 水利部科技教育司等. 灌溉工程新技术. 北京:中国地质大学出版社,1993

34. 喷灌工程设计手册编写组. 喷灌工程设计手册. 北京:水利电力出版社,1989

35. 胡毓骐、李英能等. 华北地区节水型农业技术. 北京:中国农业科技出版社,1995

36. 水利部农村水利司等. 喷灌与微灌设备. 北京:中国水利水电出版社,1999

37. 水利部农村水利司等. 渠道防渗工程技术. 北京:中国水利水电出版社,1999

38. 水利部农村水利司等. 管道输水工程技术. 北京:中国水利水电出版社,1999

39. 水利部农村水利司等. 喷灌工程技术. 北京:中国水利水电出版社,1999

40．史文娟，康绍忠，王全九．控制性分根交替灌溉——常规节水灌溉技术的新突破．灌溉排水，2000，(2)

41．水利部农村水利司等．微灌工程技术．北京：中国水利水电出版社，1999

42．水利部农村水利司等．地面灌溉工程技术．北京：中国水利水电出版社，1999

43．康绍忠，蔡焕杰主编．农业水管理学．北京：中国农业出版社，1996

44．曾德超，彼得·杰里编．果树调亏灌溉密植节水增产技术指南．北京：北京农业大学出版社，1994

45．彭望禄，Pierre Robert，程惠贤．农业信息技术与精确农业的发展．农业工程学报，2001，(2)

46．赵辉，齐学斌．地下水限量开采自动控制系统的研制．农业工程学报，2001，(5)

金盾版图书,科学实用,
通俗易懂,物美价廉,欢迎选购